T0207926

essentials

essentials liefern aktuelles Wissen in konzentrierter Form. Die Essenz dessen, worauf es als „State-of-the-Art" in der gegenwärtigen Fachdiskussion oder in der Praxis ankommt. *essentials* informieren schnell, unkompliziert und verständlich

- als Einführung in ein aktuelles Thema aus Ihrem Fachgebiet
- als Einstieg in ein für Sie noch unbekanntes Themenfeld
- als Einblick, um zum Thema mitreden zu können

Die Bücher in elektronischer und gedruckter Form bringen das Fachwissen von Springerautor*innen kompakt zur Darstellung. Sie sind besonders für die Nutzung als eBook auf Tablet-PCs, eBook-Readern und Smartphones geeignet. *essentials* sind Wissensbausteine aus den Wirtschafts-, Sozial- und Geisteswissenschaften, aus Technik und Naturwissenschaften sowie aus Medizin, Psychologie und Gesundheitsberufen. Von renommierten Autor*innen aller Springer-Verlagsmarken.

Weitere Bände in der Reihe https://link.springer.com/bookseries/13088

Michael Schrader

Sicher zur Abschlussarbeit

in Natur- und
Ingenieurwissenschaften

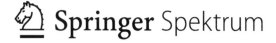 Springer Spektrum

Michael Schrader
Freising, Deutschland

ISSN 2197-6708   ISSN 2197-6716   (electronic)
essentials
ISBN 978-3-658-36543-1   ISBN 978-3-658-36544-8   (eBook)
https://doi.org/10.1007/978-3-658-36544-8

Die Deutsche Nationalbibliothek verzeichnet diese Publikation in der Deutschen Nationalbibliografie; detaillierte bibliografische Daten sind im Internet über http://dnb.d-nb.de abrufbar.

© Der/die Herausgeber bzw. der/die Autor(en), exklusiv lizenziert durch Springer Fachmedien Wiesbaden GmbH, ein Teil von Springer Nature 2022
Das Werk einschließlich aller seiner Teile ist urheberrechtlich geschützt. Jede Verwertung, die nicht ausdrücklich vom Urheberrechtsgesetz zugelassen ist, bedarf der vorherigen Zustimmung des Verlags. Das gilt insbesondere für Vervielfältigungen, Bearbeitungen, Übersetzungen, Mikroverfilmungen und die Einspeicherung und Verarbeitung in elektronischen Systemen.
Die Wiedergabe von allgemein beschreibenden Bezeichnungen, Marken, Unternehmensnamen etc. in diesem Werk bedeutet nicht, dass diese frei durch jedermann benutzt werden dürfen. Die Berechtigung zur Benutzung unterliegt, auch ohne gesonderten Hinweis hierzu, den Regeln des Markenrechts. Die Rechte des jeweiligen Zeicheninhabers sind zu beachten.
Der Verlag, die Autoren und die Herausgeber gehen davon aus, dass die Angaben und Informationen in diesem Werk zum Zeitpunkt der Veröffentlichung vollständig und korrekt sind. Weder der Verlag noch die Autoren oder die Herausgeber übernehmen, ausdrücklich oder implizit, Gewähr für den Inhalt des Werkes, etwaige Fehler oder Äußerungen. Der Verlag bleibt im Hinblick auf geografische Zuordnungen und Gebietsbezeichnungen in veröffentlichten Karten und Institutionsadressen neutral.

Planung/Lektorat: Désirée Claus
Springer Spektrum ist ein Imprint der eingetragenen Gesellschaft Springer Fachmedien Wiesbaden GmbH und ist ein Teil von Springer Nature.
Die Anschrift der Gesellschaft ist: Abraham-Lincoln-Str. 46, 65189 Wiesbaden, Germany

Was Sie in diesem *essential* finden können

Meine Anleitung wird Sie unterstützen, mit

- Tipps zur gelungenen Planung Ihrer Abschlussarbeit,
- Vorgaben für die Strukturierung Ihrer Arbeit,
- einer Beschreibung aller Bausteine naturwissenschaftlicher Publikationen,
- umfangreichen Checklisten, um Ihre Arbeit zu optimieren und
- Hinweisen zur Abgabe und Aktivitäten danach.

Vorwort

Ihr Wunsch ist es eine gelungene Abschlussarbeit in Natur- oder Ingenieur-
wissenschaft einzureichen? Schön, mein Ziel ist, Ihnen kompakt und dennoch
umfassend Tipps zu vermitteln, die sich bereits oftmals bewährt haben. In diesem
Leitfaden habe ich Regeln zusammengestellt und geordnet. Damit soll sich
das sonst für Sie notwendige Durchfragen oder Querlesen von vielen Texten
reduzieren. Ich möchte Ihnen dabei helfen, Ihre Abschlussarbeit erfolgreich zu
planen und zu schreiben. Sie ist schließlich Ihre Vorstufe zum Einstieg in die
Arbeitswelt oder ein weiterführendes Studium (s. Abb. 1).

Die Abstimmungen mit den Personen, die Abschlussarbeiten betreuen bzw.
prüfen, erfolgen oft nach der Methode *trial and error*. Das ist für beide Seiten
oft wenig erfreulich, weil sehr viele Fragen zu klären sind. Andererseits werden
Abschlussarbeiten seit Jahrzehnten nach anerkannten Regeln zu Papier gebracht.

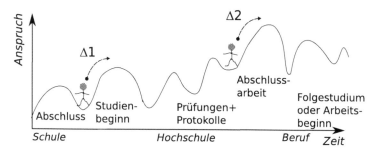

Abb. 1 Anspruchsverlauf von Schulabschluss bis Berufseinstieg. Beim ersten Studium
sind vor allem der Beginn ($\Delta 1$) und die Abschlussarbeit ($\Delta 2$) besondere Anspruchsstufen,
die überwunden werden sollen. Im Grunde besteht die gesamte (Aus-)Bildung und weiteres
Lernen im Beruf aus Anspruchshürden, denen Täler folgen

Warum kann dies nicht kompakt nachgelesen werden? Aus eigenen Erfahrungen bei der Betreuung und Bewertung zahlreicher Arbeiten in Studiengängen der Biotechnologie habe ich 2012 dafür einen ersten kurzen Leitfaden geschrieben [12] (um nicht immer die gleichen Fragen beantworten zu müssen ;)). Nun versuche ich diese Lücke umfassender zu füllen. Ich würde mich freuen, wenn dies dem Inhalt sowie Stil Ihrer Abschlussarbeit zu Gute käme.

Vielleicht treiben Sie aber auch Sorgen oder gar Ängste bezüglich Ihrer anstehenden Arbeit um. Dazu sollten Sie erneut einen Blick auf die Abb. 1 werfen. Sie haben auf Ihrem Bildungsweg schon erhebliche Anspruchshürden genommen. Sie können also bisherige Erfahrungen nutzen, um einen erneuten Anstieg zu meistern. Auch bei Schulabschluss und Studienbeginn konnten Sie sich auf erfahrene Personen und Ihren Fleiß und Ihr Talent verlassen. Das sollte dann auch diesmal gelingen.

Diese Anleitung nimmt sich die Erläuterung der allgemeinen Themen vor. So beschäftigt sich das erste Kapitel mit Zielen und Planung, da an dieser Stelle bereits viele Fehler möglich sind, die beim Schreiben kaum mehr ausgeglichen werden können. Im zweiten Kapitel ist dann die Struktur der schriftlichen Arbeit Thema, zu deren einzelnen Bausteinen im Folgekapitel weiter vertieft wird. Das vierte Kapitel unterstützt den Abschluss Ihrer Schreibphase und bietet hier vor allem umfangreiche und konkrete Checklisten an. Im abschließenden Kapitel geht es dann noch kurz um Ihren Vortrag und die Bewertung.

Meine Vorgaben leiten sich von in den Naturwissenschaften üblichen Gepflogenheiten für Publikationen ab. Sie sind, nach umfassenden Vereinheitlichungen, international konsistent. Sie können die für Ihr Umfeld passendste Variante aus meinen Vorschlägen übernehmen. Dabei hat es wenig Sinn, über individuelle Wünsche, sowohl der Lehrenden als auch Ihnen zu diskutieren. Es gibt zwar nicht die eine Lösung, aber begründete Kriterien für gelungene Arbeiten.

Meine Hoffnung wäre, dass mit Hilfe dieses Leitfadens handwerklich bessere Arbeiten entstehen. Damit können Sie und Ihre Betreuer:innen hoffentlich mehr Zeit und Energie in die eigentlichen wissenschaftlichen Fragen stecken. Nun können Sie Ihr Ziel erreichen: sicher zur fertigen Abschlussarbeit zu gelangen. Vielleicht haben Sie ja auch schon Pläne für danach.

Freising   Michael Schrader
im Dezember 2021

Danksagungen

Ich möchte hier herzlichen Dank an alle Studierenden sagen, die an mich herangetreten sind, um Ihre Abschlussarbeit mit meiner Beratung zu verfassen. Angefangen hat es mit Korrekturlesungen von Diplomarbeiten der Chemie an der Universität Hannover. Für meine eigene Diplomarbeit und Promotion las ich das Werk von Ebel und Bliefert [2], das mir eine solide Grundlage wurde. So ergab es sich, einige weitere Diplomarbeiten am Niedersächsischen Institut für Peptid-Forschung sowie auch Promotionen im Unternehmen BioVisioN in Hannover zu unterstützen. Danke auch an die vorbildlichen akademischen Weggefährt:innen dieser Zeit.

Ab dem Jahr 2005 wurden Abschlussarbeiten dann Teil meiner beruflichen Hauptaufgaben als Professor an der FH Weihenstephan, jetzt Hochschule Weihenstephan-Triesdorf. Dort habe ich zahlreiche Diplom- und Bachelorarbeiten in der Biotechnologie betreut. Danke an die Studierenden, die mich mit ihren Fragen 2012 zur Herausgabe eines ersten Leitfadens [12] motivierten. Ab dem Folgejahr kamen auch Masterarbeiten in Biotechnologie/Bioingenieurwesen hinzu, deren hohes wissenschaftliches Niveau mich weiter anspornte.

Danken möchte ich Kolleg:innen, die meinen Leitfaden ihren Studierenden empfohlen oder mit mir Teilaspekte erörtert haben. Besonders möchte ich mich bei Dr. Tina Ludwig bedanken, ihr Feedback aus Sicht der Forschung an der TU München, half mir meine Ansichten abzurunden. Allen Studierenden gebührt mein Dank, die mit Ihren Manuskripten und Fragen unzählige Anregungen erzeugt haben. Vielen Dank für Euer und Ihr Vertrauen, für den Mut, erste Entwürfe ins Unreine zu schreiben und die Ausdauer, diese weiter zu verfeinern!

Ich danke allen unbekannten Programmierern, die es mir ermöglichen, ein druckreifes Manuskript im eigenen Arbeitszimmer mit freier Software zu erstellen. Dies gilt vor allem für LaTeX, TeXstudio studio und Inkscape. So kann ich meine Leidenschaft für gedruckte Werke kostenneutral umsetzen. Abschließend gebührt mein Dank den Mitarbeiter:innen bei SpringerNature, die mich auf das Format der *essentials* aufmerksam gemacht, mich bestärkt und bei der Erstellung begleitet haben.

Herzlichen Dank!   Michael Schrader

Inhaltsverzeichnis

Tabellenverzeichnis

Nul vent fait pour celuy qui n'a point de port destiné
Dem weht kein Wind, der keinen Hafen hat, nach dem er
segelt.

Michel de Montaigne (1533–92), franz. Schriftsteller

1.1 Vorgaben und Bearbeitungsumfang

1.1.1 Vorgaben durch Bologna

In Deutschland ist die Hochschulrektorenkonferenz (HRK) das maßgebliche hochschulübergreifende Gremium. Sie hat die Bologna-Beschlüsse von der EU-Ebene aufgegriffen und dazu das HRK-Projekt Bologna-Zentrum bis Juni 2010 durchgeführt. Daraus stammt folgende Definition: Die Bachelorarbeit, auch Bachelor-Thesis genannt, ist eine wissenschaftliche Abschlussarbeit, die am Ende des Bachelorstudiums anzufertigen ist. Sie ist eine Prüfungsleistung. Dabei sollen Studierende zeigen, dass sie eine **komplexe Aufgabenstellung innerhalb einer vorgegebenen Frist,** selbstständig und nach wissenschaftlichen und praktischen Arbeitsmethoden des Studienfachs erarbeiten können (s. [5, 6, S. 61] oder www.hrk-nexus.de.

1.1.2 Dauer und Umfang

Bei 30 h pro Kreditpunkt beträgt die laut HRK vorgesehene Arbeitszeit für eine **Bachelorarbeit** 180 bis 360 h [5], wobei dann 60 bis 90 h für Vortrag/Seminar hinzukommen, also **insgesamt meist 450 h** (Tab. 1.1). Eine **Masterarbeit,** mit 450 **bis**

© Der/die Autor(en), exklusiv lizenziert durch Springer Fachmedien Wiesbaden   1
GmbH, ein Teil von Springer Nature 2022
M. Schrader, *Sicher zur Abschlussarbeit,* essentials,
https://doi.org/10.1007/978-3-658-36544-8_1

Tab. 1.1 Umfang je Arbeitsphase einer **Bachelorarbeit,** mit 12 EC-Punkten plus 3 EC für Vortrag/Seminar als ungefähre relative Anteile und in geschätzten Arbeitsstunden (1 EC-Punkt entspricht hier 30 h Arbeitszeit). Die Phasen sind nur gedanklich getrennt

Arbeitsphase	Inhalte	Tätigkeit	Rel. Anteil	Zeit (h)
Planung	Exposé und Projektplan	Lesen von Lit.	10%	45
Experimente	Kernphase im Labor/Technikum	Exp. + Messen	40%	180
Vertiefung	Datenauswertung	Wiss. Analyse	10%	45
Schreiben	Kapitelstruktur, Texte	Wiss. Schreiben	20%	90
Vortrag, Seminar	Folien (+ Bilder/Videos)	Story bilden	20%	90
Ges. Umfang	Alle; Arbeit und Vortrag		100%	450

maximal 900 h, unterscheidet sich formal durch den gut doppelt so hohen Bearbeitungsumfang (Tab. 1.2). Hinzu kommt jedoch der Anspruch, mit diesem Abschluss promovieren zu können, und damit auf eine eigenständige Forschungstätigkeit vorbereitet zu sein. Dies beinhaltet in aller Regel den sicheren Umgang mit englischsprachiger Literatur. Zudem sind vertieftere Fragen in der Diskussion zum Vortrag üblich.

Weitere Anforderungen an Abschlussarbeiten regeln die einschlägigen Prüfungs- bzw. Studienordnungen, die teilweise länderübergreifende Grundsätze haben, aber an jeder Hochschule individuell anders lauten.

1.1.3 Individuelle Zielvorstellungen

Das wichtigste Ziel für Sie muss der Abschluss Ihres Studiums sein, mit dem Sie in die nächste Stufe oder den Beruf einsteigen können. Eine sehr gute Note sollte dabei nur ein Teilziel von Ihnen sein. Falls Sie einen Master mit Zugangsbeschränkung (meist besser mindestens 2,59) anstreben, sollten Sie dies bei möglichen Noten vorab kalkulieren. Auch für eine Promotion ist ein überdurchschnittliches Ergebnis häufig erforderlich.

Nebenbei kann auch die Studiendauer relevant sein, die in ganzen Semestern angegeben wird. Wenn Sie hierauf Wert legen, z. B. für BAföG-Zahlungen oder ein

Tab. 1.2 Umfang je Arbeitsphase einer **Masterarbeit,** mit 30 EC-Punkten als ungefährer relative Anteile und in geschätzten Arbeitsstunden (1 EC-Punkt entspricht hier 30 h Arbeitszeit). Die Phasen sind nur gedanklich getrennt

Arbeitsphase	Inhalte	Tätigkeit	Rel. Anteil	Zeit (h)
Planung	Exposé und Projektplan	Lit.-Arbeit	10 %	90
Experimente	Kernphase im Labor/Technikum	Exp. + Auswert.	50 %	450
Vertiefung	Datenauswertung	Wiss. Analyse	15 %	135
Schreiben	Kapitelstruktur, Texte	Wiss. Schreiben	15 %	135
Vortrag, Seminare	Folien (+ Bilder/Videos)	Wiss. Diskussion	10 %	90
Ges. Umfang	Alle; Arbeit und Kolloquium		100 %	900

Stipendium, dann erkundigen Sie sich nach den Terminen hierzu. Meist bestimmen Verwaltungsprozesse den letztmöglichen Tag für Abgabe und Prüfungsvortrag, um noch im Semester gewertet zu werden.

In Unternehmen zählen Noten nicht alleine, zumal Abschlussarbeiten in Ingenieur- und Naturwissenschaften oft mit „sehr gut" oder „gut" bewertet werden. Dann kann das gewählte Thema oder eine persönliche Empfehlung leicht das höhere Gewicht als die Note für eine Erstanstellung bekommen. Zuallererst sind Sie gefordert, mit Ihrer Arbeit eine Visitenkarte von Gewicht zu erzeugen und hoffentlich auch mit Format.

1.2 Thema und Exposé

Das Thema einer Abschlussarbeit wird von aktiven Forschungs- bzw. Entwicklungsgruppen bereits vorformuliert und dann dazu ein Studierender gesucht. Um solide zu starten sollte dann ein Exposé erstellt werden, um die Themenstellung und deren Wissenschaftlichkeit zu konkretisieren.

1.2.1 Themenfindung und Betreuung

Themen für Abschlussarbeiten werden oft ausgeschrieben. Mit etwas Glück kann man auch ein Thema entwickelt bekommen. Dann heißt es, vorhandene Kontakte zu nutzen und sich gezielt auf eine Ausschreibung oder für eine Arbeitsgruppe zu bewerben. In Universitäten sind es die zahlreichen Forschungsgruppen, die Arbeiten vergeben. Dann sind oft Doktoranden oder Angestellte im Mittelbau für die Betreuung zuständig. Seltener kümmern sich dort Professoren direkt. An Hochschulen für angewandte Wissenschaften werden Abschlussarbeiten dagegen vorrangig außerhalb, in Unternehmen oder Forschungseinrichtungen bearbeitet, mit einer Betreuungsperson vor Ort. Dort können Sie auch gut ins Ausland gehen. Zusätzlich übernimmt eine Professur eine Betreuung *offline* und dann typischerweise auch die Rolle der Erstprüfung.

Bei der **Wahl Ihrer Arbeitsgruppe** für eine Abschlussarbeit sollten Sie sich umfassend erkundigen und nicht das erstbeste Angebot zusagen. Folgende Kriterien sollen Ihnen dabei helfen:

- Wie relevant/interessant ist das Thema im Vergleich zu vorherigen Arbeiten oder anderen Angeboten?
- Welche Erfahrung und welchen Ruf hat die Gruppe? Welche Kompetenz hat die direkt betreuende Person?
- Wie ist die apparative Ausstattung (Qualität, Modernität, und Vielfalt)? Gibt es hinreichend Geldmittel für Verbrauchsmaterialien?
- Wird die Arbeit entlohnt (vor allem wenn Ihre finanzielle Situation dies erfordert)?
- Ist die Ausrichtung passend zu Ihren eigenen Interessen?
- Ist es eher eine akademische Arbeit (und als Grundlage zu promovieren stimmig) oder gibt es einen hohen industriellen oder Laborbezug (mit dort gefragten Kompetenzen)?

1.2.2 Ziele und Exposé

Wenn eine Arbeit konkret gewünscht wird, ist das Thema meist grob umrissen. In der Regel sollten Forschungseinrichtungen und forschungserprobte Unternehmen hier bereits fast fertige Konzepte erarbeiten. Abschlussarbeiten erfordern ein **akzeptables Niveau und dienen noch vorrangig der Lehre.** Es gilt, neben einem anspruchsvollen Thema, auch eine methodische Vielfalt einzubinden.

Ihre Aufgabe ist es, die Themenstellung möglichst gut zu verstehen, bevor Sie Ihre Arbeit beginnen. Dabei ist in jedem Fall der **Stand der Technik und der Wissenschaft zu recherchieren** und zu bewerten. Daher sollten Sie Ihre Ziele in einem Exposé zusammenfassen. Diese Übersicht soll auf etwa zwei bis drei Seiten folgendes beinhalten:

- **Zielsetzung der Arbeit** (etwa halbe Seite): Was ist daran neu? Warum hat die Fragestellung einen wissenschaftlichen Anspruch?
- **Wiss. Umfeld** (etwa eine Seite und 2–6 Zitate): Welche Vorarbeiten gibt es, auch in der Arbeitsgruppe? Was ist sonst Wesentliches zu dem Thema publiziert?
- **Umsetzungsplan** (etwa halbe Seite): Wie ist die geplante Vorgehensweise angedacht, welche Methoden sollen zum Einsatz kommen?

Die dafür vorgesehenen **wesentlichen Arbeitsschritte und die geplanten Methoden** sind zu benennen. Dabei ist zu konkretisieren, welche Lernziele im Verlauf der Arbeit erreicht werden sollen und an welchen zentralen Stellen Materialien oder Ergebnisse von Dritten benötigt werden. Ein paar Worte zu der Expertise sowie Schwierigkeitsgrad und **Erfolgsaussichten bzw. zu erwartenden Risiken** runden das Bild ab. Überlegen Sie hier noch einmal gut, ob für Sie alles klar und gut abgestimmt wirkt. Bei Unsicherheiten notieren Sie sich Stichpunkte, die vorab im Gespräch geklärt werden sollten.

1.3 Projektplanung

Eine Abschlussarbeit ist zeitlich limitiert. Diese Vorgaben sind meist strikt einzuhalten. Verantwortlich für die Einhaltung der Zeiten sind zuallererst Sie und weniger die betreuenden Personen. Sie müssen zu jeder Zeit sicherstellen, dass die Arbeit im vorgegeben Rahmen fertig wird. Bei einer absehbaren wesentlichen Überschreitung kann eine Verlängerung infrage kommen. Daher ist ständig ein Projektplan zu führen, idealerweise in einer Form, die Sie und andere schnell überblicken.

1.3.1 Zeitplan und Meilensteine

Eine Bachelorarbeit ist auf drei Monate angesetzt, dauert mit Vorarbeiten oftmals aber länger. Dies ist vor allem sinnvoll, wenn diese Ihre Eintrittskarte ins Berufsleben sein soll. Eine Masterarbeit dauert sechs Monate. Dies ist guter allgemeiner Standard

Tab. 1.3 Beispielhafte Inhalte eines ausführlichen Projektplans

Arbeitspaket	Zeitrahmen	Zwischenziel	Anspruch/Priorität
Proteine extrahieren	KW 21–23	>80 % rein, etwa 20 mg	mittel/hoch
Trypsin-Verdau	KW 24	Vollständige Spaltung	niedrig/mittel
LC-MS/MS-Läufe	KW 25/26	6 Läufe, >500 Prot. identif.	hoch/mittel

und sollte auch eingehalten werden. Hier soll sich vor allem auch **Planungstreue und Effizienz** sowie Umgang mit üblichen Widrigkeiten beweisen.

In jedem Fall gilt es mit Übersicht durch diese intensive Zeit zu segeln. Dann ist der Lerneffekt auch deutlich stärker. Zur Begleitung der Arbeit sollte deshalb ein strukturierter Terminplan in den ersten zwei Wochen der Arbeit erarbeitet werden. Die Erstellung soll mit Ihrer (externen) Betreuung abgesprochen sein. Hierbei sind **nicht nur Arbeitsabläufe zu benennen, sondern auch Zwischenziele** (vgl. Tab. 1.3 sowie [4, S. 18 ff.]), in der Industrie gerne *Milestones* genannt (also wie die Meilensteine an römischen Straßen).

Zur Erstellung von Projektplänen gibt es im Internet gut geeignete Vorlagen, in einigen Firmen sogar spezielle Software. Ein Programm zur Tabellenkalkulation reicht aber ohne Weiteres aus, um übersichtliche und leicht überarbeitbare Pläne zu erstellen. Wichtig ist, dass Sie damit die nötige Übersicht und darüber auch mit den betreuenden Personen eine klare Vereinbarung haben. Daher muss es auch für Dritte verständlich sein.

1.3.2 Berichte, Verlängerung

Ihre Zeitplanung ist regelmäßig zu überprüfen. Üblicherweise finden **mit der Vor-Ort-Betreuung wöchentliche Abstimmungen** statt (bei Masterarbeiten kann auch 14-tägig ausreichen). So kann schnell auf alles reagiert werden.

Wenn eine übergeordnete Leitung oder externe Betreuung zusätzlich vorhanden ist, schlage ich vor, spätestens alle drei Wochen (BA) oder alle 5 Wochen (MA) einen kurzen Fortschrittsvortrag oder -bericht zu verfassen, bei dem auch der **Stand gegenüber der ursprünglichen Projektplanung** samt Aktualisierungen genannt wird. In der Arbeitsgruppe sind Präsentationen passender, für eine externe Betreuung käme ein Bericht oder neu, eine Videopräsentation infrage. Diese etwa 3 bis

4 Informationsaustausche mit Ihren Betreuer/Prüfer:innen können schon genutzt werden, um das Format von Abbildungen und Tabellen in der Arbeit abzustimmen. Treten im Verlauf der Bearbeitung wesentliche Abweichungen zum Terminplan auf, auch bei Umstellungen, sollte eine umgehende Information erfolgen. Tritt durch defekte Geräte, Lieferschwierigkeiten oder Krankheit ein wesentlicher Verzug ein, kann in der Regel bis zu 50 % Verlängerung beantragt werden, was in solchen Fällen meist unkompliziert bewilligt wird.

1.4   Formale Rahmenbedingungen

1.4.1   Anmeldung und Prüfer:innen

Die Anmeldung Ihrer Arbeit wird durch die Hochschule geregelt, üblicherweise über ein vorgegebenes Formular. Entweder erhalten Sie es vom Prüfungsamt oder der Fakultät. **Achten Sie auf vorgeschriebene Termine.** Sollte es eher lax geregelt sein, füllen Sie es dennoch rechtzeitig aus. Es belegt ja auch, dass Sie Ihre Arbeit so anfertigen können und sichert Ihnen eine Betreuungsperson zu.

Die Betreuung einer Abschlussarbeit bedeutet das Resultat von Jahren der hoffentlich gelungenen Prägung. Es ist Ihre Eintrittskarte ins Berufsleben oder in die nächste Ausbildungsstufe. Für die Hochschule sind Sie ein Mitstreiter in der Forschung oder Werbung als Absolvent:in in externen Institutionen. Für Prüfende ist es die letzte Möglichkeit, noch einmal ernsthaft zu formen. Als Studierende haben Sie ein Interesse, **gut aufgehoben zu sein und eine lehrreiche Zeit zu verbringen.**

Das Prüfungsrecht verlangt eine eigenständige Leistung von Ihnen. Nichtsdestotrotz lassen sich in Abstimmung mit den Beteiligten bessere Leistungen durch Feedback erzielen. Wann, wie oft und intensiv dies erfolgt, ist individuell sehr unterschiedlich. Suchen Sie sich dazu Personen, die fachlich kompetent wirken, noch zeitliche Reserven besitzen und denen Sie vertrauen.

Am Ende zählt aus meiner Sicht das Gelernte deutlich mehr als die spätere Note. In Natur- und Ingenieurwissenschaften wird oft nur zwischen „gut" und „sehr gut" unterschieden, was für Außenstehende wenig aussagt.

1.4.2   Deutsch oder Englisch?

Es ist eine besondere Herausforderung, eine Abschlussarbeit nicht in der Muttersprache zu schreiben. So bin ich jedes Mal angetan, wenn ich eine gelungene Arbeit auf Englisch lese. Allerdings entwickelt sich ein schlechter Eindruck, wenn die

Sprache nicht hinreichend beherrscht wird (vgl. z. B. [13]). Eine externe Arbeit im Ausland ist eine gute Möglichkeit, dazu Unterstützung zu erhalten. Prüfungsordnungen lassen Englisch meist zu. Fragen Sie trotzdem, was den prüfenden Personen recht ist und was sie empfehlen. In der Regel sollten Sie dafür einen Bonus erhalten, Englisch als generelle Wissenschaftssprache zu verwenden. Zunehmend oft werden Ergebnisse in englischsprachiger Software ausgewertet oder für weitere Publikationen auf Englisch erstellt. Dennoch, lassen Sie sich nicht zu stark beeinflussen. Letztlich müssen Sie schreiben und sich sprachliche Unterstützung organisieren.

> Achtung!: Schreiben Sie auf jeden Fall durchgängig in einer Sprache, kein Deutsch-Englisch-Mix. Das wirkt wie Laborjargon, also wenig durchdacht, oder liest sich einfach schlecht. Sie sollten mit Ihrer Abschlussarbeit belegen, wissenschaftlich überzeugend dokumentieren und erörtern zu können.

Für die Endredaktion sollten Sie gute Bekannte, Kolleg:innen oder Freunde bitten, den Text gegenzulesen. Idealerweise können Sie solche begeistern, die das Fach beherrschen oder andererseits die Sprache. Es ist sogar besser, wenn diese Teile getrennt überprüft werden.

1.4.3 Geheimhaltung

Geheimhaltungsvereinbarungen oder englisch *Nondisclosure agreements* (NDA) sind in Pharma-, Biotechnologie und auch Lebensmittelbranche übliche Verträge, um das besondere Know-how zu schützen, das selbst über Patente oft nicht offengelegt wird.

Sehr häufig werden Sie bei Abschlussarbeiten verlangt oder im Arbeitsvertrag mit geregelt. Es gibt dabei ein paar generelle Punkte zu beachten:

- Es handelt sich um einen direkten Vertrag, **als Unterzeichner sind Sie persönlich verantwortlich** (nicht die Hochschule oder wer auch immer).
- Für Firmen sind sie übliche Formalie. Entwürfe sind oft juristisch allumfassend und weniger auf Einzelpersonen abgestimmt. **Unterschreiben Sie also erst, wenn Sie jemand dazu beraten hat.**

Bei den spezifischen Inhalten ist Fachkompetenz nötig. Achten Sie auf folgende Punkte, fragen nach oder klären, ob eine Anpassung möglich ist:

- Die Sprache sollte deutsch sein, weil es in unklaren Fällen für Sie sonst schwierig wird. Nur im Ausnahmefall sollte Englisch akzeptiert werden.
- Was geheimzuhalten ist, muss klar definiert sein. Dabei sind schriftliche Informationen klar zu bevorzugen (können belegt und zurückgegeben werden).
- Treten Sie nicht für Informationen an Dritte ein, auch nicht Prüfer:innen.
- Die Geheimhaltung sollte zeitlich klar begrenzt sein, maximal auf 5 Jahre.
- Der Gerichtsstand (im Streitfall) soll in Deutschland sein, auf keinen Fall in USA oder UK (kaum Gesetze sondern Fallentscheidungen, extrem teuer).

Die Sie **prüfenden Personen müssen eine eigene Abmachung unterschreiben,** um sich mit Ihnen sinnvoll über den Arbeitsfortschritt austauschen zu können.

Strukturierung verstehen

Ordnung ist das halbe Leben.
Deutsches Sprichwort

2.1 Konzept und Gliederung

Schriftliche naturwissenschaftliche Arbeiten sollten durch Prägnanz bestechen. Diese erfordert vor allem eine klare Struktur, damit **alles Wichtige genau einmal** geschrieben werden muss. Dieses Kapitel sollten Sie daher zweimal lesen. Zunächst zügig vorab, damit Ihnen klar ist, welche Bestandteile wie im Ergebnis vorkommen. Die erwarteten Inhalte sind weitestgehend hochschulübergreifend ähnlich und sogar weltweit konsistent.

Bevor Sie in die heiße Phase des Zusammenschreibens starten, lesen Sie hier noch einmal in Ruhe nach, um dann Abschnitt für Abschnitt fertigzustellen. Warum so früh strukturieren? Die längsten Aussetzer beim Schreiben hatte ich, wenn die Struktur nachträglich umgebaut oder Textbausteine verschoben wurden. Je klarer Sie diese vor Augen haben, desto effektiver können Sie Bausteine gestalten, die dann zielsicher zusammengestellt werden (vgl. [10, S. 99 ff.]).

2.1.1 Umfang

Der zu prüfende Teil einer Bachelorarbeit umfasst üblicherweise etwa 40 bis 60 Seiten, bei einer Masterarbeit dann 50 bis 80 Seiten (Tab. 2.1), was eine klare Strukturierung des Textes zum geordneten Lesen erfordert. Diese Angaben entsprechen etwa einer Lesedauer von 2 bis 5 h, bei zügiger Durchsicht zur endgültigen Prüfung. Mehr als einen halben Tag sollte eine gesamte Lesung nicht benötigen.

© Der/die Autor(en), exklusiv lizenziert durch Springer Fachmedien Wiesbaden GmbH, ein Teil von Springer Nature 2022
M. Schrader, *Sicher zur Abschlussarbeit*, essentials,
https://doi.org/10.1007/978-3-658-36544-8_2

11

Tab. 2.1 Ungefährer Umfang von wissenschaftlichen Arbeiten im Hauptteil, als geschätzte Anzahl Manuskriptseiten je Arbeit (B./M.-A.: Bachelor-/Master-Arbeit). Zudem wurden Zeitangaben in Monaten abgeschätzte für die jeweilige Dauer einer Erstellung und Nachwirkfristen, in denen diese Erkenntnisse noch weiter (von anderen) gelesen werden

Parameter	Exposé	B.-A.	M.-A.	Promotion	Publikation
Seitenanzahl	2–3	40–60	50–80	70–120	15–25
Erstelldauer (Monate)	0,1	1	1–2	2–3	2–6
Nachwirkung (Monate)	1–2	3–12	6–18	12–36	24–60

Fragen Sie in jedem Fall nach, welche Unter- und Obergrenzen in Ihrem Studium einzuhalten sind (Tab. 2.1).

2.1.2 Lesefluss einer naturwissenschaftlichen Arbeit

Schriftliche naturwissenschaftliche Publikationen haben **weltweit einen nahezu identischen Aufbau,** um dem Leser einen vertrauten Lesefluss oder das bestimmte Aufsuchen von Teilen zu ermöglichen. Sehr klar ist mir das geworden, als ich während meines Studium lernte, russische Literatur querzulesen, deren Ablaufschema identisch zur englischen war. Bevor im nächsten Kapitel auf die einzelnen Bausteine diese Ablaufs näher eingegangen wird, soll hier das gesamtheitliche Zusammenwirken erläutert werden.

Der Ablauf einer naturwissenschaftlichen Arbeit wäre zwar leicht als Fließdiagramm anzugeben, was aber das Zusammenspiel nicht so gut wiedergibt. Die Form eines Posthorns kann es eher veranschaulichen. In Abb. 2.1 zeigt sich der spiralförmige Verlauf der Tonentwicklung darin. Somit sind **Einleitung und Diskussion eng miteinander verbunden,** obwohl sie linear weit entfernt sind. In der Diskussion werden die Gedanken und vorab zitierte Literatur wieder aufgegriffen, bevor man sich gegenüber dem wissenschaftlichen Publikum „mit Tönen" im Fazit und Ausblick äußert.

Für eine Master- oder Doktorarbeit können Sie sich dann ein Orchesterhorn vorstellen. Dabei kann die Verbindung von Einleitung und Diskussion mehrfach, auf verschiedenen Wegen, durch die Ventile gesteuert, durchlaufen werden. Dies passt zu den komplexeren Methoden, welche experimentell und zur Auswertung einge-

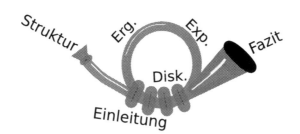

Abb. 2.1 Ein Posthorn kann als ein schönes Synonym für die Struktur einer naturwissenschaftlichen Arbeit verstanden werden. Die Luft wird mit einer definierten Struktur als Einleitung eingeblasen und begegnet sich nach einer Spirale von Experimenten und Ergebnissen dann wieder zur Diskussion, um als Fazit und Ausblick in der Umgebung zu erschallen

setzt werden. Zudem ist der Schallbecher des Orchesterhorns größer und könnte auch eine Publikation verkünden.

2.1.3 Prinzipieller Aufbau

Nachdem der übergeordnete Lesefluss (Abb. 2.1) erfasst wäre, können wir uns nun der linearen Abfolge zuwenden. Die Reihenfolge und Kapitelnamen einer Abschlussarbeit mögen leicht schwanken, aber die **grundsätzliche Einteilung ist praktisch immer gleich.**

Folgende Bestandteile finden sich als **Kernelemente** in jeder Arbeit:

- Titelblatt
- Wissenschaftliche Danksagung
- Inhaltsverzeichnis
- Zusammenfassung und/oder englischer Abstract
- Einleitung, Grundlagen, Aufgabenstellung
- Experimentalteil, Material und Methoden
- Ergebnisse und Diskussion
- Literaturverzeichnis

Diese **zusätzlichen Bestandteile** sind mehr oder weniger üblich:

- Vorbemerkungen wie Widmung und/oder Zitat
- Schlussfolgerungen und Ausblick
- Anhänge, Verzeichnisse
- Erklärung über selbstständige Anfertigung

Die Abfolge variiert individuell, bei vergleichbarem Grundschema. Aus einem übersichtlichen Inhaltsverzeichnis kann es jeder geübte Leser erkennen und eine für sich gewünschte Reihenfolge beim Lesen einschlagen. Meist wird die Arbeit nicht von vorne nach hinten gelesen. Erfinden Sie keine neue Reihenfolge und sprechen Sie den passenden Standard in jedem Fall mit den Sie betreuenden Personen (zwecks Dokumentation) und Prüfer:innen ab. Vielleicht gibt es sogar eine Formatvorlage, mit vorgegebener Gliederung.

2.1.4 Empfohlene Gliederung

Die folgende Gliederung hat sich als recht übersichtlich bewährt. Sie entspricht weitgehend der von Ebel und Bliefert [3] vorgestellten Form. Allein der Experimentalteil wird an alternativer Stelle positioniert.

- **Eingangsübersicht** (Abschn. 2.2)

1. Titelblatt
2. Wissenschaftliche Danksagung
3. Inhaltsverzeichnis und
4. Zusammenfassung (Masterarbeit: als engl. Abstract)

- **Hauptteil** (Abschn. 2.3)

1. Einleitung und Aufgabenstellung
2. Experimentalteil (oder Material und Methoden)
3. Ergebnisse und Diskussion (ggf. getrennt)
4. Schlussfolgerungen (Fazit und Ausblick)

- **Verzeichnisse und Anhang** (Abschn. 2.4)

  1. Literaturverzeichnis
  2. Weitere Verzeichnisse und Daten (optional)
  3. Erklärung über selbstständige Anfertigung

Jeder Bestandteil steht für einen bestimmten Inhalt. Diese werden in den Folgeabschnitten vorgestellt. Der Hauptteil erfordert die mit Abstand meiste Schreibarbeit. Zuvor gibt es einiges zur Orientierung und später folgen Ergänzungen. Die genaue Abfolge und Benennung der Überschriften variieren, je nach Bedarf und Vorgaben.

2.2 Eingangsübersicht

2.2.1 Titelblatt

Die Arbeit ist üblicherweise gebunden und der vordere Einbanddeckel oder eine Folgeseite ist das Titelblatt. Dieses sollte sich streng **nach den Vorgaben der jeweiligen Hochschule richten.** Es enthält üblicherweise folgende Informationen:

- Eigentlicher Titel der Arbeit
- Formale Bezeichnung der Abschlussarbeit, bzw. des zu erlangenden Abschlusses und Bezeichnung des Studiengangs
- Namen von Fakultät/Fachbereich und Hochschule/Universität
- Ihr Name und Angaben zur Identifikation Ihrer Person
- Ort und Abgabezeitpunkt

Titel
Er sollte in jedem Fall möglichst **prägnant das Thema zusammenfassen.** Auch wenn bereits ein Arbeitstitel zu Anfang der Arbeit vorlag, ist es äußerst wichtig, diesen beim Zusammenschreiben noch einmal zu überdenken. Der Titel ist die am meisten gelesene und kompakteste Beschreibung Ihrer Arbeit und verdient daher ein ganz besonderes Augenmerk und hartnäckige Optimierung. Zudem steht er in Ihrem Zeugnis (dafür ist auch eine englische Übersetzung nötig).
Nicht mehr als 10 bis 12 beschreibende Wörter müssen ausreichen, um den Titel zu formulieren. Dabei sollten Allgemeinplätze wie „Messungen" oder „Untersuchungen" auf ein Mindestmaß reduziert werden. Fragen Sie sich bei jedem Wort, ob es für Ihre Arbeit besonders kennzeichnend ist. Ein Titel wie „Untersuchungen

zur Optimierung bei der Entwicklung einer neuen analytischen Methode" wäre es nicht.

Im Falle von geheimen Abschlussarbeiten, ist darauf zu achten, dass im Titel keine vertraulichen Angaben enthalten sind, da dieser in der Regel in Ankündigungen oder Formularen übernommen wird. Dann wären doch eher Allgemeinplätze gefragt.

Formale Bezeichnung, Name und weitere Angaben
Hier wäre bei uns zum Beispiel einzutragen: Bachelorarbeit im Studiengang Biotechnologie (B.Sc.), an der Hochschule Weihenstephan-Triesdorf, Fakultät Bioingenieurwissenschaften.

Nun könnte folgen „eingereicht/abgegeben von", dann ihr Name. Zusätzlich kann zur Identifikation der Geburtstag und -ort oder die Matrikelnummer zu nennen sein. Zum Schluss folgt der Abgabeort und -datum für die rechtliche Vollständigkeit der Prüfungsangaben.

Logos
Die Angabe von Logos (der Hochschule oder betreuenden Institution) wird immer üblicher. Dennoch ist darauf hinzuweisen, dass die Arbeit rechtlich ihr persönliches Werk ist und die Institutionen daran keine Urheberrechte haben. Dies wird oft nicht richtig interpretiert. Andererseits dient die Angabe von Logos dem beidseitigen Marketing sowie dem optischen Aufwerten des sonst relativ trockenen Titelblattes. Jedoch sollte eine Prüfungsarbeit nicht wie ein Verkaufsprospekt wirken.

Checkliste
Für eine spätere, sorgfältige Durchsicht zum Titelblatt siehe **Tab. 4.6.**

2.2.2 Wissenschaftliche Danksagung, ggf. Vorbemerkungen

Vor dem Inhaltsverzeichnis sind eine oder zwei Seiten mit persönlichen Bemerkungen üblich. Eine wichtige Gepflogenheit der Wissenschaft, ist es, sich für die Einbindung in ein Arbeits- und Forschungsgebiet zu bedanken. So sind sowohl die Bereitstellung des Themas, der Ressourcen und persönliche Unterstützung nötig, um eine Abschlussarbeit überhaupt und idealerweise auch noch sehr gut zu erstellen.

Diese Art des Umgangs ist eine **wichtige kulturelle Übung,** so wie sie später auch in jeder Publikation und jedem Vortrag üblich ist (engl. *acknowledgement*). Darüber haben sich wissenschaftliche Netzwerke entwickelt oder sind daran zerbrochen. Deswegen sollten Sie sich bemühen, den passenden Ton zu finden.

Wenn die Arbeit unter Geheimhaltung erstellt wurde, sollten Sie hier auch einen **Sperrvermerk** aufnehmen (vgl. Abschn. 1.4.3) Er gibt an, dass nur Berechtigte die Arbeit lesen dürfen und sie nicht veröffentlicht werden darf (ggf. für einen definierten Zeitraum).

Sie können hier ebenfalls eine **Widmung und/oder ein Zitat** nach Belieben einbauen, um eine persönliche Botschaft von Ihnen zu vermitteln, die an anderer Stelle nicht mehr möglich ist. Sie sollte knapp sein. Ein Vorwort wie in einem Buch ist unüblich.

2.2.3   Inhaltsverzeichnis sowie Zusammenfassung/Abstract

Inhaltsverzeichnis
Dies wird heutzutage automatisch von allen gängigen Textverarbeitungssystemen erstellt. Beim Schreiben sollte es von Anfang an entsprechend formatiert sein. Eine manuelle Erstellung sollte ausbleiben, da hierdurch unschöne Unstimmigkeiten zum Text entstehen könnten. Nach dem Titelblatt ist es der erste Eindruck, der durchaus prüfungsrelevant ist. Hier macht sich idealerweise eine **klare und logische Strukturierung** bemerkbar.

Die Angabe der Gliederung einer Abschlussarbeit kann in zwei Stufen schon hinreichend, in dreien normalerweise passend, bei vieren schon eher zerteilt und ab fünf Ebenen übertrieben sein. Ansonsten werden Abschnitte zu kurz (bzw. lang) oder ungleich gewichtet. Abschnitte auf gleicher Ebene sollten etwa vergleichbare Längen aufweisen. Weitere Tipps finden Sie in der passenden **Checkliste in Tab.** 4.8.

Zusammenfassung/Abstract
Dieser Teil wird im englischen Sprachraum *Abstract* genannt und stellt eine Kurzübersicht über die ganze Arbeit dar. Das heißt, es werden **alle Kapitel in jeweils ein bis wenigen Sätzen** zusammengefasst. Eine keineswegs leichte Aufgabe, die ganz zum Schluss erfolgen sollte.

Die Zusammenfassung ist der wichtigste und am meisten gelesene größere Textbaustein einer jeden wissenschaftlichen Arbeit, insbesondere bei Publikationen. Sie muss deshalb mit größter Sorgfalt geschrieben und optimiert werden, weil sie am Anfang steht und sehr schnell **guter und schlechter wissenschaftlicher Stil** unterscheidbar sind. Es soll die Möglichkeit geboten werden, in kurzer Zeit prüfen zu können, ob die Arbeit als relevant einzuschätzen ist.

Weil international nur englischsprachige *Abstracts* üblich sind, werden Zusammenfassungen von Abschlussarbeiten oft auf Deutsch und Englisch erstellt. Sie werden an manchen Hochschulen in Literaturdatenbanken aufgenommen. Später folgt eine umfassende **Checkliste zur Zusammenfassung in Tab. 4.7.**

2.3   Hauptteil

Er beinhaltet Einleitung, Experimental- und Ergebnisteil sowie Diskussion und Schlussfolgerungen und entspricht in der Struktur damit einer naturwissenschaftlichen Zeitschriftenpublikation (*„Paper"*).

2.3.1   Einleitung und Aufgabenstellung

Dieser Abschnitt verfolgt folgende Ziele. Er soll

- den Stand von Wissenschaft und Technik darstellen;
- den Bedarf und Ansätze zur Aufgabenstellung erläutern;
- belegen, dass Sie sich mit dem Thema richtig vertraut gemacht haben.

Dieser erste Abschnitt stellt gleich hohe Anforderungen. Sie können ihn bereits bei Erhalt der Aufgabenstellung skizzieren, sollten ihn aber in jedem Fall mit zunehmendem Verständnis später noch einmal intensiv überarbeiten. Hierzu ist eine umfassende Einarbeitung ins Thema notwendig. Dies beinhaltet vor allem **Literaturrecherche** und Lesen der relevanten Arbeiten sowie Austausch in Ihrer Arbeitsgruppe. Daraus sollte sich die Neuheit Ihrer Aufgabenstellung ergeben, die abschließend benannt wird.

Die hier angegebenen Literaturzitate sollen für einen Fachmann, auch mit anderem Spezialgebiet, ausreichen, um sich in die Thematik einarbeiten zu können. Es kommt also nicht darauf an, viele Zitate zu erwähnen, sondern solche die möglichst hohe Überschneidung mit dem Thema haben. Dies können Übersichtsartikel sein, publizierte Vorarbeiten oder ähnliche Ansätze anderer Gruppen und auch Buchbeiträge. Sie sollten zusammenfassend und erläuternd mit **Abbildungen oder Tabellen ergänzen, von denen Sie idealerweise einige selber erstellen.**

Die Abfolge sollte von allgemeinem Hintergrund und Bedarf zum konkreten Thema erfolgen, was für den Leser leichter ist. Für den Einstieg empfiehlt es sich, von einer angestrebten oder vorhandenen Anwendung, die zumindest in Fachkreisen allgemein bekannt ist, zunehmend auf Ihre Aufgabenstellung zu fokussieren. Sie sollte zum Abschluss klar ausformuliert werden; Sie haben daran einige Monate gearbeitet, weswegen zwei, drei Sätze etwas spärlich und unklar blieben. Eine halbe Seite darf man auf die Aufgabenstellung ohne Weiteres verwenden.

Achtung!: Ein häufiges formales Problem ist die Trennung von Grundlagen zu Methodenbeschreibungen und deren Durchführung. Die Kapitelüberschrift „Material und Methoden" verleitet dazu, grundlegende Ausführungen und Literatur erst dort vorzunehmen. Sie gehören allerdings in die Einleitung, wenn Sie nicht allgemein so üblich sind. Dies gilt insbesondere, wenn verwendete Methoden noch recht neu sind oder stark modifiziert benutzt wurden.

Dieser und andere Hinweise lassen sich mit der **Checkliste in Tab. 4.2** überprüfen.

2.3.2 Experimentalteil

Dieser Abschnitt, oft auch „Material und Methoden" genannt, verfolgt vor allem das Ziel der **Reproduzierbarkeit Ihrer Arbeiten**. Es handelt sich daher um eine Fleißaufgabe, nicht mehr und nicht weniger. Das Ziel ist es, mit dem Spezialgebiet vertrauten Personen (auch Ihren Prüfer:innen), die Experimente soweit zu erläutern, dass sie nachvollziehbar sind. Dazu müssen benannt werden:

- verwendete besondere Chemikalien und (biologische) Proben;
- die für die Durchführung wesentlichen Geräte und Software;
- Methoden und Bedingungen, experimentell für dritte nachvollziehbar.

In der Chemie hat sich dafür der Begriff „Nachkochen" in der Laborsprache etabliert, was es gut trifft. Hier werden Rezepte abgelegt, dazu gehören „Zutaten", Geräte und Software, die allgemein als Materialien bezeichnet werden. Besondere Geräte werden mit Herkunft genannt, daher grundsätzlich mit Herstellerangaben (oft auch Standort oder Internetseite). Dazu bieten sich Tabellen zur Übersicht an.

Achtung!: Ich lege Wert darauf, dass in der Abfolge zuerst das Gerät bezeichnet wird, dann Warennamen. Also z. B. MALDI-MS, PerSeptive (Framingham, USA), Voyager™. Sonst wird auch im Ergebnisteil schnell vom Light-Cycler™, statt einer PCR berichtet. Eine Abschlussarbeit ist kein Werbeprospekt, auch nicht, wenn sie in einem Unternehmen angefertigt wurde.

Erwähnen Sie **bei Chemikalien, Geräten und Software nur Besonderes,** also keine Natronlauge, Laborwaagen und Pipettenspitzen. Puffer sind mit pH-Wert anzugeben. Bei biologischen Proben sind Zellkulturangaben oder klinische Herkunft wichtig.

Hinzu kommen die Methoden, also **Arbeitsabläufe,** mit allen für die Wiederholung (auch an anderem Ort) nötigen Informationen. Dies ist in Ihrer Arbeitsgruppe eine wichtige Dokumentation. Wie zur Einleitung bereits beschrieben, gehören hierher keine theoretischen Grundlagen zu Methodenbeschreibungen. Literaturarbeit ist hier damit kaum zu leisten, außer es wird auf experimentelle Beschreibungen verwiesen, die bereits an anderer Stelle dokumentiert sind.

Insgesamt handelt es sich vorwiegend um reine Aufzählungen, mit dem Ziel der Vollständigkeit. **Sprachliche Eleganz ist hier nicht gefragt.** Eine sinnvolle Strukturierung kann allerdings eine erhöhte Übersicht bieten. Tabellen sind dazu oft hilfreich. Abbildungen sind dann sinnvoll, wenn spezielle Aufbauten oder Ergebnisbeispiele illustriert werden. Die **Checkliste in Tab.** 4.3 gibt noch weitere Hinweise.

2.3.3 Ergebnisse und Diskussion

Der wesentliche Teil zu Ihren Aufgaben wird in diesem Abschnitt dokumentiert. Er ist der **zentrale Abschnitt Ihrer Arbeit** und sollte daher am meisten Platz einnehmen. Diese umfassendsten Teile können gemeinsam oder in zwei getrennten Kapiteln verarbeitet werden. Zusammen verfolgen sie das Ziel neue wissenschaftliche Erkenntnisse in möglichst gut aufbereiteter Form zu präsentieren und in den Kontext sonstiger Arbeiten zu stellen. Daher gilt es,

- Daten in Diagrammen oder Tabellen zusammenzufassen und zu verdichten;
- wesentliche Erkenntnisse hervorzuheben und objektiv zu beschreiben;
- Ihre Erkenntnisse mit dem Stand von Wissenschaft und Technik abzugleichen;
- Hypothesen oder Vermutungen für beobachtete Phänomene anzubieten.

Hier führen Sie Ihre relevanten Messdaten, Beschreibungen von Vorgehensweisen, Herstellungsverfahren, Stoffen, Entwicklungen und sonstige Ergebnisse auf. Das **erfordert vor allem Abbildungen und Tabellen.** Entscheiden Sie jeweils, welche Form die Beste ist, und doppeln keineswegs Daten in Tabellen sowie Abbildungen. Für Abbildungen gibt es viele Optionen, die mit gängiger Software leicht zu erstellen sind. Kopieren Sie nicht einfach Screenshots aus Geräte-Software.

Ihre Interpretation sowie Bewertung folgt in Form der Diskussion. Dazu kann auch ein eigenes Kapitel eingerichtet werden. Dies hängt vom Verlauf der Arbeit ab. Wenn Sie oft auf Interpretationen Folgeversuche aufgebaut haben, dann ist die gemeinsame Vorstellung eher sinnvoll. In jedem Fall sollte darauf geachtet werden, **Fakten und persönliche Meinung nicht in einem Satz zu mischen.** Für den Außenstehenden muss klar sein, was als objektiv auch anders durch ihn interpretiert werden kann und wo bereits subjektiv kommentiert wurde.

Achtung!: **In der Diskussion muss an die Einleitung angeknüpft werden.** Der dort beschriebene Wissensstand wird mit den Ergebnissen abgeglichen. Wenn sich noch neue Aspekte ergeben, ist die Einleitung dementsprechend zu ergänzen. Viele der Literaturzitate sollten in beiden Kapiteln eine Rolle spielen. Prüfen Sie die Relevanz für Ihre Arbeit somit noch einmal und streichen oder ergänzen Sie. Gute Wissenschaftspraxis bedeutet mit den Ergebnissen anderer abzugleichen.

Ein weiterer häufiger Fehler ist die (teilweise) chronologische Dokumentation von Arbeitsvorgängen. Da der Weg zum Erfolg in einer Abschlussarbeit selten durchgehend geradlinig ist, wird der Leser unnötig belastet. Stellen Sie die Ergebnisse und Erkenntnisse so dar, **wie sie im Bestfall hätten gefunden werden können.** Niemand möchte ihre Leidensgeschichte oder aufgetretenen Irrwege erfassen. Sie können darauf hinweisen, wenn es zum Gesamtfortschritt beiträgt. Die Dauer der praktischen Arbeitsschritte bestimmt also nicht die zugehörige Textlänge. Weitere Tipps finden Sie in der **Checkliste in Tab. 4.4.**

2.3.4 Schlussfolgerungen

Zum Abschluss ist es für einen Leser immer schön, eine Schlussbewertung aus der Sicht des eingearbeiteten Experten zu lesen. **Blicken Sie also noch einmal auf die Aufgabenstellung und ziehen Sie ein Resümee.** Dies sollte nicht noch einmal die gesamte Diskussion wiederholen, aber länger als drei Sätze sein. Eine halbe bis eine Seite ist ein gutes Maß.

Achtung!: Dieser Abschnitt wird (vielleicht vorab) mit großer Aufmerksamkeit gelesen und ist der letzte Akzent Ihrer Arbeit. Formulieren Sie kompakt, flüssig und positiv (z. B. Es konnte ausgeschlossen werden, dass ...). Wiederholen Sie wenig, sondern werden Sie schnell konkret. Werteangaben sollten hier immer Unsicherheiten beinhalten.

Es kann mit einem Ausblick auf sinnvolle Folgearbeiten oder mögliche praktische Konsequenzen geschlossen werden. Dabei sollten Sie konkret auf Basis der eigenen Arbeiten argumentieren und nicht zu allgemein auf weitere mögliche Fortschritte im untersuchten Gebiet hinweisen. Machen Sie klare Vorschläge zur Optimierung, Ergänzung oder Folgearbeiten auf Basis Ihrer Erkenntnisse, wie mit der **Checkliste in Tab. 4.5** zu prüfen ist.

2.4   Verzeichnisse und Anhang

Ein Literaturverzeichnis ist Pflicht. Weitere Verzeichnisse, insbesondere zu Abbildungen oder Tabellen können die Orientierung erhöhen; sie sollten aber nicht zu viel Raum einnehmen. Dann bleibt noch Platz für ergänzende Daten.

2.4.1   Literaturverzeichnis, Zitierweise

Dieser Abschnitt ist wieder eine reine Fleißarbeit. Alle zitierten Literaturstellen sind anzugeben. Um die genannten Quellen kompakt und übersichtlich zur Verfügung zu stellen, werden Referenzen im Text und die Angaben im Literaturverzeichnis standardisiert formatiert aufgeführt. Eckigen Klammern helfen, Literaturangaben von anderen Angaben zu unterscheiden. Folgende Zitationsweisen sind die üblichsten.

1. **Erstautor-Jahr:** Hier wird der Erstautor mit dem Veröffentlichungsjahr angegeben. In dieser Variante lassen sich Zitate gut erkennen und zuordnen. Das Verzeichnis wird dann alphabetisch und gemäß Veröffentlichungsjahr sortiert. Reicht es nicht, wird noch mit Buchstaben ergänzt, zum Beispiel: [Schrader 2001b].
2. **Nummeriert nach Auftreten:** Eine hochgestellte oder in (eckigen) Klammern angegebene Zahl ([X]) ist der ganze Hinweis. Diese Version ist besonders platzsparend und wird nach Auftreten oder auch alphabetisch sortiert.
3. Nummeriert nach Auftreten, mit Fußnoten. Diese Variante ist vor allem in Geisteswissenschaften beliebt, aber nicht üblich in Ingenieur- und Naturwissenschaften.

Eines der beiden erstgenannten Systeme ist auszuwählen. Fragen Sie im Zweifel nach, was genau gewünscht ist. In jedem Fall müssen Sie durchgehend gleichartig zitieren. Da das Verzeichnis nur Quellenangaben enthält, kann auch eine kleinere Schrift benutzt werden.

Tab. 2.2 Typische Anzahl und Qualität von Literaturzitaten, je nach Abschlussarbeit

Kriterium	Bachelor	Master	Promotion
Ungefähre Anzahl	15–30	25–50	40–80
Lehrbuch-Zitate	Einige	Kaum	Ausnahme
Publikationen	Mehrere	Viele	Schwerpunkt
Lesetiefe	Verstanden	Nachvollzogen	Bewertet

Die Anzahl der Zitate sollte angemessen sein und verdichtet auf wichtige, hochwertige Arbeiten. Je anspruchsvoller der Abschluss und das Thema, umso mehr Angaben und tiefergehende Quellen werden benötigt (s. Tab. 2.2). Zu wenig deutet auf geringe Literaturarbeit und zu viel auf nicht vorgenommene Fokussierung hin. Es gibt spezielle Software (z. B. Endnote, Citavi, BibTeX), die diesen Teil unterstützen. Man kann durch planmäßiges Arbeiten zwar darauf verzichten, was ich aber nicht empfehle. Insbesondere bei fortlaufender Nummerierung können sonst bei Textumstellungen leicht falsche Bezüge entstehen. Zwischenzeitlich hilft eine alphabetische Sortierung nach Autor, die teilweise auch endgültig gewählt wird. Weitere Tipps zu Angaben in den Literaturzitaten folgt im nächsten Kapitel und zum Literaturverzeichnis als **Checkliste in Tab. 4.9**.

2.4.2   Weitere Verzeichnisse und ergänzende Daten

Weitere Verzeichnisse
Moderne Textverarbeitungssoftware erlaubt die einfache Erstellung von Verzeichnissen. Man sollte nicht alle möglichen Funktionen ausreizen, sondern sich vorab überlegen, welche Verzeichnisse zur Suche hilfreich sind. Infrage kommen vor allem

- Abbildungs- und/oder Tabellenverzeichnis
- Symbol- und/oder Abkürzungsverzeichnis

Achten Sie auf eine nennenswerte Anzahl von gelisteten Einträgen. Ein Verzeichnis für vier Einträge ist kaum sinnvoll. Weitere Hilfen finden Sie später in **Checklisten der Tab. 4.10 und** 4.11. Eine Auflistung von Gleichungen ist nur dann hilfreich, wenn viele neu entwickelt oder zumindest angepasst wurden. Bitte nicht übertreiben, Ihre Arbeit ist kein Lehrbuch.

Ergänzende Daten

Im Anhang können noch verschiedene Ergänzungen untergebracht werden. Zum einen kann das Datenmaterial hier in ausführlicherer Form kommentiert, dokumentiert oder für weitere Auswertungen zur Verfügung gestellt werden. Auch umfangreiche Methodenbeschreibungen hätten an dieser Stelle Platz.

2.4.3 Persönliche Erklärung

Eine (eidesstattliche) Erklärung zur selbstständige Erstellung der Arbeit kann vorgeschaltet oder im Anhang eingefügt werden. Da sie nur rechtlich für die Prüfung relevant ist, ist eine Positionierung am Ende weniger störend.

Bedenken Sie, dass hier aber eine wichtige Aussage im Sinne des Urheberrechts getroffen wird. Sie haben die Arbeit ohne wesentliche fremde Hilfestellung (auch der Betreuer) erstellt und verfasst. Dabei wurde nicht aus anderen Quellen kopiert bzw. nur soweit wie Quellen eindeutig angegeben sind. Andererseits haben Sie nach dem deutschen Urhebergesetz mit Anfertigung Ihrer Arbeit das alleinige Urheberrecht und grundsätzlich auch die hieraus resultierenden Nutzungsrechte.

Bausteine erstellen 3

Gibst du auf die kleinen Dinge nicht Acht, wirst du Größeres verlieren.

Menander, etwa 342 bis 290 v. Chr., altgriech. Komödiendichter

3.1 Rahmenbedingungen und Ressourcen

3.1.1 Software, Apps, Programme

Entscheiden Sie sich rechtzeitig im Studium für das richtige Textverarbeitungssystem und Datenbearbeitungssoftware und machen sich ausreichend vertraut. Heutzutage ist WYSIWYG-Software Standard (engl. *What you see is what you get*). LibreOffice Writer und Microsoft Word wären die beiden vorrangigen Vertreter. Diese Programme achten wenig auf Regeln guter Typografie und (Buch-)Satz (vgl. [15]), woran sich ein Großteil der Welt gewöhnt hat. In der Nutzung sind diese Programme für fast jeden vertraut und im Arbeitsalltag Standard. Leider sorgen sie manchmal für ernsthafte Probleme, wenn das Dokument eine komplexe Struktur erreicht hat.

Wollen Sie einen hochwertigen Satz, modulare Verarbeitung und haben darüber hinaus mit sehr vielen Gleichungen zu tun, kann auch LATEX in Erwägung gezogen werden (Näheres auf www.dante.de). Der Satz ist dann wie in diesem Werk professionell gestaltet. Allerdings bedeutet es, einen deutlich erhöhten Einarbeitungsaufwand in Kauf zu nehmen. Dieser kann sich bei einer nachfolgenden Promotion erheblich auszahlen. Ich hatte einige sehr zufriedene Studierende, die LATEX in ihrer Master- und sogar Bachelorarbeit eingesetzt hatten.

© Der/die Autor(en), exklusiv lizenziert durch Springer Fachmedien Wiesbaden GmbH, ein Teil von Springer Nature 2022
M. Schrader, *Sicher zur Abschlussarbeit*, essentials,
https://doi.org/10.1007/978-3-658-36544-8_3

Tab. 3.1 Vor- und Nachteile verschiedener Textverarbeitungspakete.

Kriterium	Microsoft Word®	LibreOffice	LATEX
Konzept	WYSIWYG[1]	WYSIWYG[1]	Editor + Viewer
Standardrolle in	Industrie	Open Access	Physik, Informatik
Marktposition	Vorreiter	Alternative	spezielle Nische
Dateistruktur	eine Datei	eine Datei	modular
Umstrukturierung	Aufwendig	Aufwendig	einfach
Buchsatz	ungeeignet	ungeeignet	professionell
Layout	gewohnt (schlecht)	Word-ähnlich	typographisch
Kosten	Jahreslizenz	kostenfrei	kostenfrei
Einarbeitung	meistes bekannt	Word-ähnlich	umfangreich
Internet	https://www.microsoft.com	https://www.libreoffice.org	https://www.dante.de

[1] *What you see is what you get*

3.1.2 Hardware und Sicherungskopien

Hardware

Die meisten von Ihnen dürften einen geeigneten Computer ihr eigen nennen. Die Rechen- und Speicherkapazität ist selbst für sehr große Texte nicht mehr limitierend. Für Microsoft Windows oder Apple-Betriebssystem sind alle notwendigen Programme standardmäßig (teilweise frei) erhältlich. Bei Geräten unter Android sind dabei noch Einschränkungen zu erwarten.

Wichtig sind vor allem die Eingabe- und Ausgabegeräte. Beim Design von Laptops wird selten auf die Tastatur geachtet. Sie werden einige Wochen mit ihr auskommen müssen. Eine zusätzliche Tastatur kann gute Dienste leisten, wenn Ihr Gerät ein Tablet oder nicht so optimal ausgestattet ist. Auch ein Nummernblock ist bei Dateneingaben sehr hilfreich ist, um sich nicht zu vertippen.

Der Bildschirm sollte für Texte matt sein, um Fehler leichter zu erkennen. Bei glänzenden Bildschirmen wird gegebenenfalls häufiger ein Ausdruck notwendig. Als günstige Drucker eignen sich Tintenstrahldrucker, um zwischendrin einen Testdruck vorzunehmen. Das endgültige Exemplar sollte aus einem Laserdrucker (ggf. in Farbe) gedruckt werden bzw. im Copy-Shop vervielfältigt.

Sicherungskopien

In jedem Fall sollten Sie regelmäßig (spätestens etwa jede produktive Stunde) Kopien Ihrer geänderten Dateien erstellen. Hierzu reicht ein USB-Stick, eine SD-Card, ein Cloud-Ordner oder auch eine externe Festplatte. Sie glauben gar nicht wie oft Menschen schon zähneknirschend einen hervorragend gelungenen Abschnitt ein weiteres Mal zu Datei bringen mussten. Es macht bei solch wichtigen Dateien viel Sinn, diese auf mindestens drei unabhängigen Systemen (lokal + zwei Sicherungen) zu speichern.

Bedenken Sie dies auch bei Abbildungen und ausgewerteten Messdaten. Speichern Sie möglichst alle notwendigen Dateien zusammen in ein gut strukturiertes Verzeichnis und eine Kopie auf anderem Speichermedium. Ich nutze dazu das Programm *FreeFileSync* in einer älteren, werbefreien Version. Damit werden nur Änderungen sehr schnell und sicher kopiert. Um ganz sicher zu gehen, kann ein zeitnahes Back-Up an anderem Ort liegen (z. B. bei Entwendung oder Brand). Der Aufwand dieser Maßnahmen ist gering, verglichen zum möglichen Schaden.

3.1.3 Arbeitsorte

Sorgen Sie für eine ungestörte und angenehme Umgebung in der Ihr Schreibplatz angeordnet ist. Wichtig sind Ruhe sowie Zugänglichkeit in den Zeiten, in denen Sie leistungsfähig und kreativ sind (vgl. [10], S. 52 ff.). Passende Beleuchtung, ausreichende Belüftung, richtige Temperierung und sonstige Versorgung (Tee, Kaffee usw.) sind weitere wichtige Voraussetzungen für ausdauerndes Arbeiten. Der Arbeitsplatz kann im Labor oder Büro liegen, Ihr privates Zimmer oder die Bibliothek sein. In jedem Fall müssen Sie sich dort wohlfühlen, um dort effektiv und ausdauernd zu arbeiten. Sehr aktive Kolleg:innen, Partner oder Partnerin bzw. Kinder sind dort unangebracht.

Tragen Sie alle notwendigen Unterlagen an dem Ort zusammen, an dem Sie schreiben. Das kann in elektronischer oder Papierform erfolgen. Alle Ergebnisse und Abbildungen sollten im Zugriff sein sowie Ihre Labordokumentation und die benutzten Literaturquellen. Sorgen Sie auch dafür, dass relevante Bücher griffbereit sind. Nichts ist schlimmer, als ein fehlendes Zitat oder Nachschlagemöglichkeit, wenn Ihre Gedanken gerade daran haften.

3.2   Zentrale Bausteine

Hier werden Text, Abbildungen und Tabellen behandelt.

3.2.1   Text

Zur Sprachwahl wurde bereits in Abschn. 1.4.2 erläutert. Verwenden Sie in jedem Fall durchgängig **Wissenschaftssprache** . Diese ist eher nüchtern, vermeidet Übertreibungen, nutzt gezielt Fachbegriffe und umgeht komplexe Gedankengänge nicht (s. dazu z. B. [7], S. 58 ff.; [6], S. 73 ff. oder [4], S. 92 ff.). Lange Schachtelsätze und eine hohe Anzahl von Fremdwörtern sind dennoch nicht angebracht. Die in Labor und Technikum benutzte Umgangssprache wird vermieden (Reaktionsgefäße statt „Eppis" oder Funktionsverlauf statt „Kurve").

Wählen Sie eine geringe Anzahl von Zeichensätzen (meist ein oder zwei) für die Arbeit aus. Hervorhebungen können noch in **fett** oder *kursiv* erfolgen. Für Fließtext bieten sich serifenhaltige **Zeichensätze** (mit kleinen Querstrichen in Leserichtung) wie zum Beispiel *Times New Roman* an, weil diese mehr Orientierung bieten (s. Abb. 3.1 sowie [15]). In Überschriften und oft auch gesamten technischen Arbeiten wird der eher nüchterne Stil mit einem serifenlosen Zeichensatz, wie z. B. *Arial* ausgedrückt.

Die Schriftgröße wird je nach Zeichensatz 11 oder 12 pt betragen. Die Zeichenanzahl je Zeile ist im Format DIN A4 so gut leserlich. Es dürften 60 bis 70 sein (inklusive Leerzeichen), was etwa 10 Worten entspricht. Der Zeilenabstand ist mit etwa eineinhalbzeilig meist gut gewählt. Eine reine Textseite besteht dann aus etwa 35 Zeilen. Blocksatz wirkt beruhigend auf den Leser, führt aber teilweise zu sehr ungleichen Wortabständen (bei Nutzung von MS Word® oder LibreOffice).

Serifenlose Überschrift
Kleine Endstriche (Serifen) helfen, der Zeile zu folgen.

z.B. Times New Roman!
(Serifenlos wäre der Zeile nicht gleich gut zu folgen.)

Abb. 3.1 Vergleich serifenloser und serifenhaltiger Zeichensatz. Die Serifen dienen bei längeren Zeilen dazu, das Auge zu führen und Ermüdung zu verringern. Das wurde für Buchsatz und dann Zeitungen optimiert, daher als Beispiel der oft benutzte Zeichensatz *Times New Roman*

Dann muss noch eine Kontrolle zur Silbentrennung erfolgen (s. z. B. [10], S. 145), falls nicht Satzprogramme wie L^AT_EX (Tab. 3.1) Verwendung finden. Gliedern Sie Abschnitte in mehrere Absätze (je Gedankengang), die selbst aus mehreren Sätzen bestehen.

Die Rechtschreibprüfung ist heutzutage weitgehend in Software integriert, nutzen Sie es umfassend. Bei den **Zeitformen** gibt es gerne Diskussionen, wobei die Sachlage ziemlich klar ist, wie Tab. 3.2 aufzeigt. Es überwiegt die Gegenwart und bei Experimenten die Vergangenheit (nähere Erläuterungen in [6], S. 82 ff. oder [9] und [7]). Vermeiden Sie generell die Ich-Perspektive und wählen dann das Passiv. Formulieren Sie, wenn passend, auch im Aktiv.

3.2.2 Abbildungen

Auf die Erstellung von guten Abbildungen müssen Sie viel Zeit verwenden, da sie wesentliche Aussagen belegen oder zusammenfassen. Überlegen Sie gut, welche Art optimal ist (u. a. x(y)- oder Balkendiagramme, s. dazu z. B. [7], S. 76 ff. oder [4], S. 113 ff.). Zum anderen dürfen Abbildungen nicht überfrachtet werden (s. [4], S. 116). Deren Aussagen sollen klar erkennbar und nachvollziehbar sein (vgl. Tab. 3.3).

Beim Einsatz von Farbe ist auf Informationsgewinn zu achten, reine optische Auffrischung führt öfter zur Ablenkung von Aussagen. Viele **Software-Programme** sind geeignet, Bilder zu erstellen, z. B. MS PowerPoint®, Adobe Illustrator® und BioRender. Zum Erstellen von guten Diagrammen gibt es reichlich

Tab. 3.2 Einsatz von grammatikalischen Formen in einer Abschlussarbeit, je nach Aussagen

Zeitform	Anwendung auf	Beispiele
Gegenwart (Präsens)	allg. Aussagen	Einleitung, Erkenntnisse in Disk. und Fazit
Vergangenh. (Präteritum)	vergangene Experimente	Experimentalteil, (zitierte) Ergebnisse
Konjunktiv	Mögliche Folgerungen	Diskussion, Ausblick
Passiv	Anleitungen	Experimentalteil
Aktiv	Eigene Erkenntnisse	Ergebnisse, Diskussion, Fazit

Tab. 3.3 Typische Anmerkungen zu Abbildungen; Hauptziel: grafisch aufbereitete Information

Auffälligkeit	Relevanz	Abhilfe
Abbildungen nicht ohne Text verständlich	kritisch	Beschreibung und Kernaussage in Bildunterschrift angeben
Kopierte Anteile ohne Urheberangabe	kritisch	Zitieren oder überarbeiten
Ähnliche Werte in Tabellen und Abbildungen	hoch	Gemäß Kernaussage verdichten

(freie) Software, u. a. LibreOffice Calc, MS Excel® oder speziellere Software wie Matlab®, R- oder Python-Umgebungen.

Bei **Diagrammen** ist auf **gute Lesbarkeit** (Größe der Zeichensätze), mit klarer Achsenbeschriftung und -skalierung zu achten, wie in Tab. 3.4 beschrieben. Die verwendeten Symbole müssen klar unterscheidbar sein und sind zu erläutern. Wenn nicht notwendig, wird ohne Farbe gearbeitet. Screenshots aus Auswertesoftware sind schnell erstellt, beinhalten allerdings die Gefahr, dass Achsenbeschriftungen unvollständig oder zu klein sind. Bearbeiten Sie in solchen Fällen nach oder erstellen noch einmal neu.

Abbildungen jeder Art haben eine sogenannte **Legende oder Bildunterschrift**, dies ist ein kürzerer Titel und eine unterstützende Beschreibung, die unterhalb der Abbildung steht. Sie soll so gehalten sein, dass die Aussage auch ohne Lesen des Textes verständlich wird. Jede Abbildung erscheint im Textfluss immer erst nachdem sie zum ersten Mal erwähnt wurde. Sie werden fortlaufend im Kapitel nummeriert (Kapitelnummer und Abbildungsnummer, durch Punkt getrennt) und können in einem Abbildungsverzeichnis am Ende der Arbeit gelistet werden.

3.2.3 Tabellen

Für Tabellen gilt ähnliches wie für Abbildungen, auch sie sind kondensierte Information. Daher sind sie klar zu strukturieren und optimal lesbar zu halten. Für einen Chemiker ist das Periodensystem der Elemente ein Paradebeispiel für eine extrem **kompakte Darstellung umfangreicher Informationen,** die schnell in Form von Wissen interpretiert werden kann.

Tab. 3.4 Typische Anmerkungen zu Diagrammen; Hauptziel: grafisch aufbereitete Daten

Auffälligkeit	Relevanz	Abhilfe
Fehlende Unsicherheitsangaben	kritisch	Zahlenwerte nie ohne
Übertriebene Statistik für wenige Wiederholungen	hoch	Nicht übertreiben, erläutern
Übertriebene Präzisionsangaben	hoch	Meist eine, selten zwei Stellen
Balkendiagramme ohne Unsicherheitsangaben	hoch	Keine Vergleiche ohne Ergänzung
Ähnliche Werte in Tabellen und Abbildungen	ungünstig	Gemäß Kernaussage verdichten
Kopierte Diagramme, mit zu kleiner Beschriftung	ungünstig	Beschriftungen neu erstellen
Verbundene Punkte in Abbildungen, ohne Verlauf	ungünstig	Linien schmaler oder weglassen
Werte aus Tabellenkalkulation (z. B. „10.00E-6")	ungünstig	Ein- bis zweistellige Angaben

Formatierung von Tabellen

Umfangreiche Datenserien oder komplexe Informationen können durch Tabellen übersichtlich strukturiert werden. Die Inhalte sollen auf einen Blick im Vergleich ersichtlich sein, weswegen ein Verlauf über mehrere Seiten vermieden wird. In diesem Leitfaden finden Sie zahlreiche Beispiele (s. Tabellenverzeichnis am Ende).

Tabellen haben **grundsätzlich eine Überschrift**, um deren Struktur und Datenquellen anzugeben. Nach einem eindeutigen Titel folgen weitere Beschreibungen, um die Tabelle eindeutig zu verstehen. Jede Tabelle erscheint im Textfluss immer erst nachdem sie zum ersten Mal erwähnt wurde. Sie werden fortlaufend im Kapitel nummeriert und können in einem Tabellenverzeichnis aufgelistet werden.

Bei der Angabe von **Zahlenwerten** ist auf eine sinnvolle Rundung beziehungsweise Darstellung im wissenschaftlichen Format zu achten. In Tab. 3.5 ist ein Beispiel gegeben. Weiterhin sollten zu vergleichende Zahlen in Spalten geordnet sein, da wir mit dem Auge schneller hinunter/hoch als links/rechts vergleichen können, neben weiteren Kriterien. (Tab. 3.6).

Tab. 3.5 Unterschiedliche Zahlendarstellungen in Tabellen und deren gezielte Anordnung

Ohne Struktur	Dreistellig gerundet	Ger. + angeordnet	Wissenschaftlich
0,00023456	0,000235	0,000235	$2,35 \cdot 10^{-4}$
0,03456	0,0346	0,0346	$3,46 \cdot 10^{-2}$
0,9	0,900	0,900	$9,00 \cdot 10^{-1}$
23,4567	23,5	23,5	$2,35 \cdot 10^{1}$

Tab. 3.6 Typische Anmerkungen zu Tabellen mit Zahlenangaben oder Text; Hauptziel: über-sichtlich sortierte Angaben

Auffälligkeit	Relevanz	Abhilfe
Fehlende Unsicherheitsangaben	hoch	Zahlenwerte nie ohne Unsicherheiten
Übertriebene Präzisionsangaben	hoch	Ein bis zwei Stellen für Unsicherheit, Werte entsprechend
Zu viele Stellen, zu wenig Rundung	hoch	Max. 4 Stellen oder wiss. Format
Tabelle nicht ohne Text verständlich	hoch	Ausführlichere Überschrift
Gleiche Werte in Tabellen und Abb.	ungünstig	Eine Darstellung auswählen
Konstante Werte in Zeilen/Spalten	ungünstig	Verlauf oder Vergleich von Werten (Konstanten in Tabellenbeschreibung)
Mehrfach zu ähnliche Begriffe	ungünstig	klarer strukturieren
Lange Aufzählungen von Werten im Text	ungünstig	Als Tabelle möglich?

3.3   Ergänzende Bausteine

3.3.1   Literaturzitate

Je nach Prüfer*in kann hier ein wichtiges Augenmerk auf die Umsetzung gelegt wer-den. In jedem Fall ist Literatur zitieren ein wichtiges wissenschaftliches Handwerk. Daher sollte es gut umgesetzt sein.

- rechtlich: Gemäß Urheberrecht muss der originale Autor einer publizierten Aussage (aus einem „wissenschaftlichen Werk") mit Quelle genannt werden. Daraus ergibt sich folgender Fragekomplex: wer/was/wann? So werden **Autorname(n), Werktitel, Veröffentlichungsmedium und -jahr** angegeben.
- wissenschaftlich: Hier wird auf die Überprüfbarkeit und Zugänglichkeit besonderer Wert gelegt, also die Fragen: Wo wurde publiziert bzw. wie ist die Information zugänglich? Typische Angaben dazu wären Buchverlag, Zeitschriftenname oder Internetadresse. Digitale Dokumente sind auch per **DOI**[1] auffindbar.
- wissenschaftlich, vertieft: Sie sollen möglichst hochwertige Quellen wählen, nahe der Originalaussage. Das ist meist eine Zeitschrift oder ein Buch, in denen geprüfte Texte dauerhaft zu finden sind. Bei Firmenschriften und zunehmend auch Zeitschriften werden Originale im Internet direkt bereitgestellt.

In jedem Fall müssen Quellen für andere auffindbar und fachlich ausgewiesen sein. Zudem sollen sie zum Thema umfassend informieren, wodurch wenige, hochwertige Arbeiten angegeben werden. Wissenschaftlich zitierfähig im strengen Sinn sind nur Bücher, Buchbeiträge und Zeitschriftenartikel. Das Zitat enthält für:

- Bücher die Autor(en), Titel, Verlag (und Verlagsort) sowie Jahr.
- Buchbeiträge kommen die Herausgeber des Gesamtwerkes hinzu.
- Zeitschriftenartikel die Autor(en), Name der Zeitschrift, Jahrgang, Jahr und Seitenangabe oder heutzutage Jahr und DOI des Artikels.

Bei Zeitschriftenartikeln und Buchbeiträgen kann die zusätzliche Angabe der Titel wesentlich zum vertieften Verständnis beitragen. Hier sind Länge des Literaturverzeichnisses und Informationsgehalt gegeneinander abzugleichen. Es kann auch eine kleinere Schrift benutzt werden.

Viele **Internetquellen** sind vergänglich und damit nur bedingt recherchierbar. Dennoch bieten auch sie wertvolle Informationen. Geben Sie solche nur dann an, wenn Sie keine Alternativen finden. Eine Angabe im Literaturverzeichnis ist streng genommen mit Autor/en und Abrufdatum zu versehen. Pfadangaben können Sie alternativ als Fußnoten in den Text einbauen. Dabei können Sie lange Pfade auf das Wesentliche kürzen, da Seitenstrukturen sowieso öfter verändert werden.

---

[1] *Digital Object Identifier, nach ISO 26324.*

3.3.2   Verzeichnisse

Verzeichnisse dienen der Übersicht. Sie sollten kompakt und übersichtlich sein. Manchmal ist es besser kein als ein schlecht organisiertes Verzeichnis zu ergänzen. Gute erlauben dem Prüfenden ein schnelles Nachschlagen. Noch wichtiger sind sie für Fälle, in denen Ihre Arbeit nach Monaten oder gar Jahren gelesen wird, um z. B. schnell die Tabelle mit den Verdaupuffern aufzusuchen.

Verschiedene Verzeichnisse werden vor oder nach den Haupttext geschaltet, um besser nach bestimmten Elementen suchen zu können oder Abkürzungen zu erläutern. Vorab sollten sie möglichst kompakt ausfallen, damit nicht lange bis zum eigentlichen Beginn der Arbeit zu blättern ist. Zum Ende sind sie meines Erachtens oft besser aufgehoben. Dort spielt zudem deren Länge eine untergeordnete Rolle. Detaillierte Angaben dazu folgen im nächsten Kapitel.

Hilfsfragen mit Anregungen zu Bausteinen

3.1 Reihenfolge vom Schreibprozess
In welcher Abfolge wollen Sie Ihr Schreibprojekt umsetzen? Schreiben Sie sich die Kapitelreihenfolge auf und schätzen den jeweiligen Zeitrahmen ab.

3.2 Wichtige Fragen zur Gliederung
(a) Sollen Ergebnisse und Diskussion ineinander verwoben oder getrennt sein?
(b) Gibt es ein separates Fazit, mit Ausblick?

3.3 Art des Literaturverzeichnisses
Welche Sortierreihenfolge soll Ihr Literaturverzeichnis haben? Nach Auftreten nummeriert, alphabetisch nach Erstautoren oder andere Variante?

Fertigstellen und Abschluss 4

> *Caminante, no hay camino, se hace camino al andar.*
> *Wanderer, es gibt keinen Weg, der Weg entsteht beim Gehen.*
>
> *Antonio Machado (1875–1939), span. Schriftsteller*

4.1 Finale Schreibphase

Getreu dem obigen Motto liegt es nun an Ihnen, weitere Wegmarken zu setzen. Ihre Methodenerstellungen, -optimierungen und Experimente sind (weitestgehend) abgeschlossen. Die Auswertung der Daten ist schon weit fortgeschritten. Egal, ob Sie ab jetzt daheim sitzen, am eigenen Schreibtisch oder noch im Labor, nun kommt es darauf an, die verbleibende Zeit bis zur Abgabe Ihrer Arbeit möglichst effektiv zu nutzen.

So werden Sie auch manche Abende mit in Beschlag nehmen. Das bedeutet eine hohe Anspannung, in der leicht Dinge übersehen oder Fehler entstehen können. Dagegen helfen Disziplin, Abfrage von externer Unterstützung, Checklisten und konsequente Zeitplanung.

4.1.1 Arbeitsrollen

Gefährlich ist es, beim Schreiben verschiedene Aufgabenrollen zu vermischen. Gleichzeitig kreativ zu schreiben, die Struktur anzupassen und Rechtschreibfehler zu korrigieren ist kaum jemandem parallel möglich. Üben Sie diese Rollen gezielt zu trennen. Meine vorgeschlagene Abfolge dazu lautet:

© Der/die Autor(en), exklusiv lizenziert durch Springer Fachmedien Wiesbaden
GmbH, ein Teil von Springer Nature 2022
M. Schrader, *Sicher zur Abschlussarbeit*, essentials,
https://doi.org/10.1007/978-3-658-36544-8_4

1. **Struktur erstellen und Stichworte** sowie zentrale Inhalte, Abbildungen und Tabellen festlegen. Hier kann von Abschnitt zu Abschnitt gesprungen werden.
2. **Texte auffüllen,** in sauberer Sprache. Dabei immer ganze (Teil-)abschnitte ausarbeiten. Abbildungen und Tabellen können als Platzhalter eingebaut werden.
3. **Korrekturlesung,** um auffällige Fehler und unverständliche Passagen zu korrigieren. Dabei den Text möglichst linear in einem ganzen Abschnitt oder Kapitel lesen. Je nach Zeit, entweder nur markieren oder gleich anpassen.
4. **Externe Lesung** und erneute Korrektur, bei der auch sprachliche Feinheiten oder Dopplungen ausgeglichen werden.

Fragen Sie sich stets, welche dieser „Brillen" Sie gerade aufhaben. Lesen geht auch mit weniger Zeit und Aufmerksamkeit, Korrigieren nicht. Am schlimmsten sind die Phasen, die nachträglich keinen Fortschritt erbracht haben.

Für Korrekturen sollten Sie idealerweise zuerst Ihr Umfeld befragen. Es ist hilfreich, wenn es kritisch ist. Lob hilft wenig, eine Aufmunterung schon. Nach ersten Korrekturrunden können Sie dann Betreuende oder Prüfende einbinden. Lassen Sie nie mehr als zwei Personen gleichzeitig am gleichen Textteil kommentieren, sonst werden Sie diese Anmerkungen nicht ohne Konflikte verarbeiten können.

4.1.2 Probleme oder Störungen

Wollen Sie schreiben? Dazu sollten Sie fit sein und sich eine gute Tageszeit dafür wählen. Zudem braucht es oft eine Startphase, die leicht eine Stunde dauern kann. Optimieren Sie zudem folgende Aspekte:

- **Fehlende Ziele:** Haben Sie festgelegt, wie viele Seiten pro Tag und Woche entstehen sollen und wie viel Zeit Sie für Struktur und Korrektur verwenden wollen? Ohne Ziele zu arbeiten, führt zwangsläufig zu späterem Stress.
- **Lärm:** Ich bin sehr sensibel bezüglich Störgeräuschen. Meine Lösung war ein Kopfhörer mit klassischer Musik zum Lernen. Heutzutage gibt es noch weit bessere, die aktiv Nebengeräusche ausblenden. Alternative ist ein Ortswechsel.
- **Belüftung:** Oft wird in kleinen Räumen geschrieben und Sie unterschätzen die Müdigkeit durch CO_2. Corona hat uns gelehrt, etwa alle halbe Stunde zu lüften.
- **Technikprobleme:** Diese können mich zur Weißglut treiben. Wenn keine Lösung in Sicht, dann Pause, an die frische Luft und später gezielt nur das Problem angehen. Im Zweifel, Hilfe einholen.
- **Schreibblockade:** Das ist zunächst nichts besonderes, sondern ein Zeichen, Pause zu machen oder sich alternativ um Bausteine (gemäß Kap. 3) oder Kor-

rekturen zu kümmern. Schreiben erfordert gute Konstitution und ein gelungenes in Fluss kommen, was sich nicht erzwingen lässt. Andererseits sollten Sie gute Phasen ausreizen.

- **Krankheit:** Im kranken Zustand lässt sich nicht Schreiben. Einfache Korrekturlesung kann gelingen, besser ist dann Ruhe, Medikation und späterer Neustart. Bei längeren Erkrankungen sind ärztliche Atteste angeraten, um so eine Verlängerung beantragen zu können.

Regen Sie sich nicht über sich (oder auch andere) auf. Es bringt nichts. Sie lernen in dieser Zeit, Ihre eigene Effektivität zu optimieren. Merken Sie sich Ihre Strategien dafür und tauschen sich dazu gerne auch mit anderen aus.

Bei massiven Motivationsproblemen oder Überforderung durch Ihre Arbeit, kontaktieren Sie bitte die psychosoziale Beratung des Studentenwerkes, die Ihnen professionelle Hilfe vermitteln kann. Bei hohem Vertrauen können Sie sich auch an Ihr Umfeld oder eine der betreuenden Personen wenden. Bleiben Sie dabei nicht passiv.

4.2 Checklisten Hauptteil

Zwei unterschiedliche Vorgehensweisen sollten sich beim wissenschaftlichen Schreiben einer Abschlussarbeit sinnvoll ergänzen. Zum einen werden Sie versuchen Inhalte möglichst treffend, überzeugend und bevorzugt formvollendet wiederzugeben. Mit solchen Passagen, insbesondere in Diskussion und Ausblick, beschäftige ich mich als Prüfer gerne.

Andererseits ist dafür zu sorgen, nicht negativ aufzufallen, weswegen abwechselnd eine Kontrolle des Erstellten notwendig ist. Häufig bestimmen solche negativen Auffälligkeiten den äußeren Eindruck stärker als die positiven. In jedem Fall sind negative für Prüfer auffälliger. Deswegen sollen die Checklisten in diesem Abschnitt dazu dienen diese vor einer Bewertung zu finden und abzuändern.

4.2.1 Übergeordnete Checkliste

Hier finden Sie einige typische Auffälligkeiten, Unsauberkeiten bzw. Schwächen, die mir häufiger in Manuskripten oder auch fertigen Arbeiten begegnen. Diese sind sicherlich teilweise persönliche Vorlieben, jedoch insgesamt einem allgemein guten wissenschaftlichem Schreibstil nicht abträglich. Sie können meine Vorschläge in Tab. 4.1 auch zu Ihren eigenen Hitlisten verkürzen bzw. erweitern.

Tab. 4.1 Typische übergeordnete Anmerkungen in Manuskripten, die in (fast) allen Abschnitten auftreten können.

Auffälligkeit	Relevanz	Abhilfe
Gliederung unübersichtlich, unausgewogen	kritisch	Abschnitte ähnlich (groß) gewichten
Wissensch. Falschaussagen (übernommen)	kritisch	Sorgfältig prüfen (lassen)
Wissensch. Zitate nicht ersichtlich	kritisch	Eigenes und Fremdes strikt trennen
Absätze zu kurz oder lang	hoch	Mehrere Sätze zu einer Kernaussage
Sich wiederholende Aspekte	hoch	Abfolge der Aussagen strukturieren
Schreibfehler in zentralen Begriffen	hoch	Bei Korrekturlesung überprüfen
Laborjargon übernommen („Eppis")	hoch	Fachbezeichnungen recherchieren
Mischung deutsch/englisch	hoch	Konsequent in einer Sprache texten
Spezif. Abk. ohne Erläuterung	hoch	Immer zu Beginn erläutern
Aussagelose Einleitungssätze („In diesem/r Abschitt/Abb./Tab. werden...")	hoch	Streichen und mit Aussage zu Inhalten beginnen
Wiederholte Lieblingsphrasen	ungünstig	Mit „Suchen"-Funktion ersetzen
Wiederholte Warennamen im Text	ungünstig	Fachliche Beschreibung stattdessen
Spezif. Abkürzungen in Abschnittstiteln	ungünstig	Ausschreiben oder ähnlichen Begriff
Tabellen mit sich wiederholenden Angaben	lästig	Gleiches in Überschrift festhalten

4.2.2   Checkliste Einleitung

Die Einleitung steht ganz zu Anfang. Hier fallen Unstimmigkeiten daher leichter auf. Sie können so einen ungünstigen Einfluss haben, bevor überhaupt Ergebnisse vorgestellt werden. Mit Tab. 4.2 können Sie diesen Anfangseindruck verbessern.

Tab. 4.2 Checkliste mit typischen Anmerkungen zur Einleitung. Hier sollten Lernerfolge aus Ihrem Studium in den beschriebenen Grundlagen klar erkennbar sein

Auffälligkeit	Relevanz	Abhilfe
Relevante Grundlagen fehlen	kritisch	Zentrale Grundlagen vervollständigen
(Wichtige) Lit.-Zitate fehlen	kritisch	Zentrale Literatur benennen
Relevante Grundlagen im Experimentalteil	hoch	In Einleitung verschieben
Grundlagen ohne Bezug zu Ergebnissen	hoch	Nur relevante Themen aufbereiten
Viele Lit.-Zitate, ohne Bezug zur Diskussion	hoch	Zitierte Lit. ausdünnen
Keine eigenen Abbildungen	hoch	Eine zentrale Abb. selbst erstellen
Zitierte Literatur nicht aktuell	hoch	Bis in aktuelles Jahr recherchieren
Fehlerhafte (kopierte) Formeln	ungünstig	Formeln immer überprüfen

4.2.3 Checkliste Experimentalteil

Hier ist Struktur und Klarheit gefragt, die einer in diesem Umfeld ausgebildeten Fachperson ein Nachvollziehen oder auch Nacharbeiten ermöglichen soll. Grundlagenwissen ist vorauszusetzen oder in der Einleitung beschrieben, sodass ein Verständnis auch ohne Expertenwissen möglich sein soll. Tab. 4.3 gibt hierzu einige Hinweise.

Tab. 4.3 Checkliste mit typischen Anmerkungen zum Experimentalteil, mit Hauptziel Reproduzierbarkeit

Auffälligkeit	Relevanz	Abhilfe
Unvollständig beschriebene Methoden	kritisch	Nachvollziehbar vervollständigen
Grundlagen zum theoretischen Verständnis	kritisch	In Einleitung einbinden
Zu wenig tabellarische Übersichten	hoch	Stärker strukturieren
Angabe von Standardmaterialien/-geräten	hoch	Nur Besonderes listen
Lange Schachtelsätze	hoch	Kurze, einfache Sätze bilden
Zu lange Aufzählungen im Text	ungünstig	Eher in Tabellen abbilden
Standardmaterialien, -chemikalien benannt	ungünstig	Nur besondere Ausstattung benennen
Geräte-, Auswertesoftware nicht erkennbar	ungünstig	Mit Namen und Versionsnr. angeben
Warennamen prominent benannt	ungünstig	Reduzieren; zuerst allg. Bezeichnung
Begriff „Puffer", bei falschem pH	ungünstig	Nur „Lösung" oder „Eluent"

4.2.4   Checkliste Ergebnisteil und Diskussion

Dieser Abschnitt sollte alle wesentlichen Auswertungen, den Erfolg der Arbeit und die erreichte Wissenschaftlichkeit demonstrieren. Er ist damit Kern Ihrer Arbeit und sollte den größten Platz beanspruchen, egal welche Art von Abschlussarbeit. Daher sollten Sie mit Tab. 4.4 sorgfältig optimieren.

4.2.5   Checkliste Fazit/Conclusion

Das Ende der Arbeit sollte kurz sein und wird noch einmal mit hoher Aufmerksamkeit betrachtet. Hier sollten Aussagen und Rechtschreibung mehrfach geprüft sein. Tab. 4.5 gibt detailliertere Angaben dazu.

Tab. 4.4 Checkliste mit typischen Anmerkungen zu Ergebnisse und Diskussion; Hauptziele sind Transparenz und fachliche Bewertung

Auffälligkeit	Relevanz	Abhilfe
Nicht längster Teil der Arbeit	kritisch	ausbauen, umstrukturieren
Endergebnisse ohne Unsicherheitsangaben	kritisch	Werte nie ohne Unsicherheiten
Ergebnisse und Diskussion vermischt	kritisch	getrennte (Neben-)Sätze bilden
Übertriebene Präzisionsangaben	hoch	Meist eine, selten zwei Stellen
Übertriebene Statistik für geringe Fallzahl	hoch	Runden, erläutern
Balkendiagramme ohne Unsicherheiten	hoch	keine Vergleiche ohne Ergänzung
Literatur für Diskussion nicht in Einleitung	hoch	Zentrale Zitate schon in Einleitung
Nutzung laborüblicher Bezeichnungen	hoch	Transparenz für Unbeteiligte schaffen
Abbildungen nicht ohne Text verständlich	hoch	Bildunterschrift erweitern
Wiederholungen aus Einleitung	ungünstig	Umgehend zu Ergebnissen kommen
Werte doppelt in Tabellen und Abbildungen	ungünstig	Eine Darstellung auswählen
Kopierte Diagramme, Beschriftung zu klein	ungünstig	Beschriftungen neu erstellen
Punkte in Abb. ohne Modell verbunden	ungünstig	Linien schmaler oder weglassen

Tab. 4.5 Checkliste mit typischen Anmerkungen zu Fazit und Ausblick. Ziel sind klare und fundierte wissenschaftliche Botschaften

Auffälligkeit	Relevanz	Abhilfe
Aussagen negativ/unsicher formuliert	kritisch	Klare, positive Botschaften
Ausblick, ohne Ausführungen	kritisch	Vorgaben aus Erfahrungen ableiten
Zu lange Sätze, Nebensätze	hoch	Kurze, eindeutige Botschaften
Keine konkreten Zahlenwerte	hoch	Explizit Endergebnisse angeben
Fehlende Unsicherheiten bei Zahlenwerten	hoch	Konkret angeben oder abschätzen
Schwacher letzter Satz	hoch	Mit Wirkung abschließen
Mehr als ein einleitender Satz	ungünstig	Gleich zu Aussagen kommen

4.3 Checklisten für umgebende Elemente

4.3.1 Checklisten Titel, Abstrakt und Struktur

Kaum etwas ist so auffällig wie Ungereimtheiten oder gar Fehler auf der Titelseite. Sie können sogar jedem Unbeteiligten auffallen. Daher sollte diese Durchsicht sehr sorgfältig erfolgen, unter anderem gemäß Tab. 4.6.

Ebenso wichtig genommen werden sollte der Abstrakt (engl. Abstract), bei dem die ganze Arbeit auf höchstens eine Seite verkürzt wird. Nicht ganz so kritisch mag das Inhaltsverzeichnis gesehen werden. Für mich ist es allerdings Anzeichen, ob ein roter Faden übergeordnet erkennbar ist und ein klarer handwerklich wissenschaftlich solider Stil, was gemäß den Kriterien in Tab. 4.7 leicht möglich ist.

Das Inhaltsverzeichnis dient als wichtiges Element, das die Struktur abbildet. Hier kann gute Übersicht für den Leser geschaffen werden, ohne ihn zu verwirren (Tab. 4.8).

Tab. 4.6 Checkliste mit typischen Anmerkungen zur Titelseite. Ungereimtheiten auf dem Deckblatt fallen unangenehm auf

Auffälligkeit	Relevanz	Abhilfe
Name oder Identifikation fehlt	kritisch	Vollständig ergänzen
Bezeichnung Studiengang fehlt/falsch	kritisch	Ergänzen bzw. korrigieren
Alte Hochschul- oder Fakultätsnamen	hoch	Mit Homepage abgleichen
Mehr als 12 Worte im Titel	hoch	Titel kürzen
Rechtschreibfehler	hoch	Eingehende Korrekturlesung nötig
Warennamen im Titel	hoch	Umformulieren, falls nicht zwingend
Unübliche Abkürzungen im Titel	hoch	Ausschreiben oder umformulieren
Füllwörter im Titel	ungünstig	Streichen und umformulieren
Übergroßes Logo von extern	ungünstig	Hochschullogo ist vorrangig
Irreführende Verallg. im Titel	ungünstig	Konkret formulieren (falls nicht durch Geheimhaltung bedingt)
- bei englischem Titel -		
Uneinheitlich Groß-/Kleinschreibung	ungünstig	Engl. oder US-Stil verwenden
Unnötige Übersetzung von Eigennamen	ungünstig	Im Zweifel Originalbezeichnungen

Tab. 4.7 Checkliste mit typischen Anmerkungen zu Abstract/Zusammenfassung. Die Relevanz steigt von Bachelorarbeit zu Dissertation deutlich an

Auffälligkeit	Relevanz	Abhilfe
Nicht alle Elemente enthalten	kritisch	Einleitung, Ziel, Exp., Ergebn. und Disk. sowie Fazit auflisten
Kürzer als halbe Seite	kritisch	Wichtige Aspekte ergänzen
Länger als zwei (eine) Seite	krit./ hoch	Stärker verdichten
Enthält nicht alle Bestandteile	krit./ hoch	Zu Einl./Exp./Erg./Disk./Fazit ergänzen
Zu wenig konkrete Ergebnisse	hoch	Wichtigste Ergebn. benennen
Zu viele Abkürzungen	ungünstig	Einige Ausschreiben oder weglassen

Tab. 4.8 Checkliste mit typischen Anmerkungen zu Inhaltsverzeichnis/Struktur. Hier kann Strukturiertheit demonstriert werden. Die Wahrnehmung dafür ist individuell verschieden, abhängig von Gewohnheiten

Auffälligkeit	Relevanz	Abhilfe
Ergebnisteil kürzer als Einleitung	kritisch	Diskussion ausbauen bzw. Einleitung kürzen
Kapitel mit nur einer Seite (oder zwei)	kritisch	Teile zusammenfassen
Mehr als 3 Ebenen (z. B. 3.4.4.1)	hoch	Anders trennen oder Überschrift ohne Nr.
Abschnitte zu unterschiedlich lang	hoch	Abschnittsstruktur optimieren
Mehr als zwei Seiten Inhaltsverz.	ungünstig	Reduzieren (ggf. 3. Ebene nicht aufnehmen)
Zweistellige Nr. (z. B. 3.4.14)	ungünstig	Zusätzlichen Unterabschnitt einrichten
Kapitel und Abschnitt ohne Tabulator	ungünstig	Einrücken oder Fettdruck nutzen
Warennamen in Überschriften	ungünstig	Möglichst umformulieren
Abkürzungen in Überschriften	ungünstig	Nur bei allgemein bekannten (wie HPLC)
Überschriften länger als eine Zeile	ungünstig	Möglichst kürzen (für Verzeichnis)
Begriffe wiederholen sich zu oft	ungünstig	Oberbegriff nur im oberen Abschnitt
Zweisprachig in Überschriften	lästig	Einsprachig formulieren

4.3.2 Checklisten zu Verzeichnissen

Wichtig ist hier, negative Auffälligkeiten zu vermeiden. Ansonsten sollten Verzeichnisse funktionieren, also immer per Stichproben testen (lassen) (Tab. 4.8 bis 4.11).

Checkliste Literatur(-Verzeichnis)
Das Literaturverzeichnis ist neben dem Inhaltsverzeichnis das einzige, das zwingend vorhanden sein muss. Hier lassen sich im Grunde nur Minuspunkte sammeln. Da hier eine enge Kopplung mit wissenschaftlichem Handwerk erkennbar ist, lohnt sich die Durchsicht anhand der Checkliste in Tab. 4.9.

Checkliste sonstige Verzeichnisse
Auch hier gilt, es können hier eher Minuspunkte als Erfolge eingefahren werden. Lieber ein Verzeichnis weniger und die vorhandenen mit Übersicht und Kontrolle. Dazu können Sie die folgenden Checklisten in Tab. 4.10 und 4.11 durchgehen.

Tab. 4.9 Checkliste mit typischen Anmerkungen zu Literatur(-Verzeichnis). Oberstes Ziel Transparenz und Übersicht zu relevanten wissenschaftlichen Quellen

Auffälligkeit	Relevanz	Abhilfe
Zu wenige Zitate	kritisch	Mehr recherchieren
Zu viele (unnötige) Zitate	hoch	Auf Wesentliches beschränken
Zu viele reine Internet-Zitate	hoch	Alternative Quellen?
Formatvorgaben uneinheitlich	hoch	gezielt überarbeiten
Zu viele Zitate für einen Sachverhalt	ungünstig	Stärker verdichten
Gehäufte Wiederholung einer Quelle	ungünstig	Umstrukturieren
Häufige Wiederholung eines Autors	ungünstig	Breit gefächert zitieren
DOI und Zitat wechseln oft	ungünstig	Überwiegend einheitlich zitieren
Zeitschriftentitel zu lang	ungünstig	Untertitel weglassen, ggf. übliche Abk.
Autorenliste zu lang	ungünstig	1–3 Autoren (dann „et al.")
Heft- oder Monatsangaben	lästig	Jahr, Band und Seite oder DOI

Tab. 4.10 Checkliste zu Abkürzungs- (und Symbol-)Verzeichnis (falls vorhanden.)

Auffälligkeit	Relevanz	Abhilfe
Einheiten als Abkürzung (wie z. B. L)	kritisch	Löschen; oder separates Verzeichnis
Abkürzungen und Symbole gemischt	hoch	Zwei Teile oder Verzeichnisse
Keine (alphabetische) Sortierung	hoch	Ordnen, mit klarem Kriterium
Fehlende Abkürzungen	ungünstig	Abstrakt und Textteile sichten

Tab. 4.11 Checkliste zu Abbildungs- und Tabellenverzeichnis

Auffälligkeit	Relevanz	Abhilfe
Abb. und Tab. nicht getrennt	kritisch	Separate Verzeichnisse erstellen
Weniger als vier Einträge	hoch	Kein Verzeichnis erstellen
Kurztitel länger als eine Zeile	ungünstig	Kürzen (gekürzte Form im Verzeichnis)

Heutige Software erlaubt die Erstellung von allerlei Verzeichnissen. Nicht alles davon sollte eingesetzt werden. So ist zum Beispiel ein Verzeichnis von Gleichungen meist wertlos bzw. unnötig (Sie schreiben kein Lehrbuch).

4.4   Abgabe Ihrer Arbeit

Wenn der große Moment gekommen ist und Ihr Text in final korrigierter Form gespeichert ist, sind es nur noch wenige Schritte bis zum Ziel.

- **Druck** Ein Laserdrucker oder Vergleichbares liefert eine passende Qualität. Denken Sie bei farbigen Seiten an entsprechende Möglichkeiten. Wenn die Anzahl nicht zu hoch ist, kann alles ausgedruckt, sonst kopiert werden. Oftmals werden Abschlussarbeiten noch einseitig erstellt. Heutzutage sind doppelseitige Drucke oder Kopien allerdings keine Herausforderung. Aus Ressourcensicht würde eine Menge Papier gespart. Meine Dissertation habe ich bereits auf Recyclingpapier gedruckt, heute gibt es dafür eine Auswahl schöner bzw. neutraler Papiere.
- **Kontrolle** Bevor die Arbeit zum Kopieren bzw. Binden geht, sollte eine Vertrauensperson noch einmal alle Seiten durchgehen. Stimmen die Seitenzahlen? Sind alle Ausdrucke richtig zentriert. Sind Farben und Text in gut lesbarer Qualität vorhanden? Häufig erlebt man hier noch Überraschungen (weil die Energiereserven niedrig sind). Ist eine Unterschriftseite nötig für eine (eidesstattliche) Erklärung? Sonst gibt es keine handschriftlichen Angaben.
- **Binden** Abschlussarbeiten werden nicht einfach geheftet, sondern für die Prüfung fest gebunden. Solche Leimbindungen werden von Druck- und Copy-Shops kostengünstig innerhalb eines Tages gefertigt. Planen Sie also eher zwei Tage ein. Beim Einband sind mehrere Papiersorten und Farben möglich. Richten Sie sich bei der Wahl nach Vorlieben der Prüfenden und in nächster Priorität, was Ihnen gefällt. Zunächst reichen die nötigen Prüfungsexemplare (meist zwei) und Ihr Belegexemplar, vor allem wenn es knapp wird.
- **Abgabe** Zum vereinbarten Termin müssen die Prüfungsexemplare in der Hochschule vorliegen. Meist sind hierfür Sekretariate der Fakultäten oder Lehrstühle zuständig. Sonst kann jede offizielle Stelle der Hochschule genutzt werden (Beratungsbüro oder auch ein Pförtner) oder die Prüfenden selbst. Wenn Sie ganz sicher gehen wollen, lassen Sie sich den Eingang auf vorbereitetem, datierten Ausdruck per Stempel oder Unterschrift bestätigen.

Im Anschluss ist es angebracht, eine Runde Sport anzuschließen, sich mit Freunden zu treffen oder sonst diesen Moment zu begehen. Legen Sie sich nicht einfach in die Ecke, jetzt ist ein guter Moment zum Jubeln. Selten wird eine Arbeit nicht akzeptiert und die Note kommt später. Fertig ist fertig.

Hilfsfragen mit Anregungen zur Fertigstellung

4.1 Arbeitsrolle geklärt?
Ist Ihnen Ihre jeweilige Rolle bewusst bzw. haben Sie Zeitabschnitte dafür geplant?

4.2 Arbeitsumgebung optimiert?
Haben Sie Ziele festgelegt und Störungsmöglichkeiten minimiert?

4.3 Endkorrektur:
(a) Haben Sie alle Checklisten durchgesehen?
(b) Zu wann können Entwürfe von beteiligten Personen gegengelesen werden?

4.4 Fertigstellung:
(a) Hat Ihr Drucker genug Papier und Toner oder haben Sie einen Termin in einem Druck- oder Copy-Shop abgeklärt?

(b) Wie viele Prüfexemplare sind in Ihrem Studiengang nötig? Wo sind sie abzugeben?

4.5 Wie viele Exemplare noch?
Wer soll noch Ihre Arbeit bekommen? Denken Sie an extern Betreuende und Arbeitsgruppe, aber auch an Verwandte, Studienfreunde oder spätere Abnehmer (z. B. bei Bewerbungen).

Nach der Abgabe 5

> *Es ist ebenso ehrenhaft, seinen Ruhm vor sich selbst zu*
> *haben, wie es lächerlich ist, sich vor anderen zu rühmen.*
>
> *François de La Rochefoucault (1613 – 1680)*

5.1 Prüfungsvortrag

Der zur Arbeit gehörende Vortrag ist für die meisten unserer Studierenden geübte Routine. Dennoch kann der Vortrag für eine eigene Note gut sein oder als „Zünglein an der Waage" bei unklarer Gesamtnote. Sie dürften schon einige Erfahrung mit Präsentationen haben, dann kennen Sie die meisten der folgenden Regeln:

- Verpacken Sie nicht die ganze Arbeit in den Vortrag sondern suchen sich eine gute Abfolge mit klarem „roten Faden" heraus.
- Begrenzen Sie die Folien auf ein überschaubares Maß und erläutern diese hinreichend, gerne mit Animationen (Grundregel 1 bis 2 min pro inhaltsreicher Folie). Auf zusätzliche könnten Sie in der Diskussion noch eingehen.
- Überprüfen Sie die Folien auf Rechtschreibfehler, vor allem in Titeln, sowie korrekte Animationsabfolge.
- Benutzen Sie nur wenige und kontrastreiche Farben. Nutzen Sie die Farbe als Akzent und gestalten nicht bunt. Das Foliendesign sollte dezent und hell sein, mit dunklen Schriften (wie auf Papier).

Dann gilt es noch Ihren Vortrag gut ausgeschlafen, mit Blick auf die Zeit, aber frei zu halten. Bei Bedarf können kleine Spickzettel eingesetzt werden. Und hoffentlich haben Sie nette Prüfer, die schwere Fragen nur dann stellen, wenn es um die Bestnote

© Der/die Autor(en), exklusiv lizenziert durch Springer Fachmedien Wiesbaden
GmbH, ein Teil von Springer Nature 2022
M. Schrader, *Sicher zur Abschlussarbeit*, essentials,
https://doi.org/10.1007/978-3-658-36544-8_5

geht. Allerdings kann es vorkommen, dass Fragen bezüglich der Studienmodule im Kontext zu Ihrer Arbeit gestellt werden.

5.2   Bewertung Ihrer Arbeit

Überlegen Sie sich früh, wie wichtig es Ihnen ist, Ihre Note zu optimieren. Viele suchen die beliebten Prüfer:innen aus, die am besten benoten. Für mich ist das ein verständliches, aber kein wirklich gutes Kriterium. Eine Prüfung sollte fachlich möglichst kompetent und dadurch fair sein. Die letztliche Aufgabe ist es, eine **differenzierte Note mit klarem Feedback** im Vergleich zu anderen zu erhalten.

5.2.1   Bewertungsvorgang

Die Note der Arbeit wird von der Hochschule vergeben (meist gepaart mit einer Zweitprüfung). Bei extern oder von Mitarbeitenden betreuten Arbeiten kann vorab von diesen eine Bewertung der Arbeit erfolgen, um den praktischen Aufwand und Erfolg gut einschätzen zu können. **Für die Gesamtnote zählen die im Verlauf aufgezeigten sowie durch die schriftliche Arbeit und deren Präsentation nachgewiesenen Leistungen.** Die Kriterien sind seltener schriftlich dokumentiert, können aber durch Fragen oder aus Vorerfahrungen anderer erkundet werden.

Es geht vor allem darum, Ihre Leistung festzustellen, ohne den Beitrag der betreuenden Personen. Ebenso wenig sollte die qualitative Ausstattung von Laboren und Technika zur Erstellung der Arbeit ausschlaggebend sein. Es stellt sich als wesentliche Frage, **wie gut Sie die gebotenen Möglichkeiten ausgeschöpft haben** und zwar in wissenschaftlicher Hinsicht. Dabei zählen auch gut dokumentierte Negativergebnisse, die oftmals sogar klarere Konsequenzen haben als positive.

Eine solche Differenzierung ist nicht immer ganz leicht, weswegen Abschlussarbeiten **oft in einem engen Notenkorridor** vergeben werden. Mittels Bewertungsschemata werden Ihre Stärken und Schwächen eher transparent. So kann nach Notenvergabe auch ein differenziertes Feedback zu den Teilleistungen nachgefragt werden. Sie können sich damit auch nach dem Studium noch verbessern.

5.2.2   Plagiatsprüfung

Vielen ist nicht voll bewusst, dass Sie mit einer Abschlussarbeit ein eigenes wissenschaftliches Werk erstellen. Das beinhaltet Rechte und Pflichten. Nicht Ihre Betreuer

Tab. 5.1 Mein Bewertungsschema als Erstprüfer bei Bachelorarbeiten. Für Masterarbeiten wird noch mehr Wert auf die Wissenschaftlichkeit gelegt

Kriterium	Gewichtung	Wichtige Merkmale
Zeitplanung + Zusammenarbeit	16 %	Projektplan, Meilensteine[a]
Themenanspruch und -erläuterung	16 %	Aufgaben und Konzepte
Strukturierung + Ausdruck	20 %	Abschnitte, Formulierungen
Form + Dokumentation	20 %	Diagramme, Experimentelles
Ergebnisbewertung + Literatur	16 %	Diskussion, Art der Lit.-Zitate
Wesentliches + Abstract	12 %	Fazit, Betonungen

[a] s. Abschn. 1.3.1, möglichst quantifizierbar bzw. anderweitig objektiv überprüfbar

sind für die Inhalte verantwortlich und dürfen diese nutzen sondern allein Sie. Dieses Verständnis ist oft nicht klar gegeben, wodurch Probleme bis hin zu strafbaren Handlungen häufig sind.

5.2.3 Bewertungskriterien

Die Situation bei externen Arbeiten (Hauptteil an (Fach-)Hochschulen) und Arbeiten in der eigenen Forschung (üblich an Universitäten) bedingt ein sehr unterschiedliches persönliches und fachliches Verhältnis. Bei letzterem sind überzeugende Leistungen und Ergebnisse eher an sehr gute Noten gekoppelt. Bei ersterem zählt die treffende Dokumentation und Auseinandersetzung oft mehr.

Sie sollten herausfinden, welche Kriterien Ihr:e Prüfer:in anlegt. Auch wenn die meisten Bewertungsschemata ähnlich sind, wird bei den Gewichtungen doch viel unterschieden. Auch ein Gespräch im Vorfeld dazu kann sinnvoll sein. Als Betreuer lege ich besonderen Wert auf bestimmte Fertigkeiten, wie Zielverfolgung, wissenschaftliches Verständnis und saubere Dokumentation (s. Tab. 5.1).

5.3 Veröffentlichung Ihrer Arbeit

Es gibt verschiedene Wege, Ihre Arbeit zu publizieren. Solange keine Geheimhaltung dagegen spricht, können Sie dies frei entscheiden, da Sie als Autor:in das Urheberrechte haben. Teilweise bieten die Hochschulbibliotheken einen solchen Service an. Ansonsten gibt es im Internet zunehmend Fachportale, in die Dokumente hochgeladen werden können (z. B. https://www.researchgate.net).

Vielleicht findet Ihr Betreuerkreis auch eine passende Veranstaltung, um Ihre Abschlussarbeit als Poster oder gar als Vortrag vorzustellen. Das wäre eine große Ehre und ideale Möglichkeit, um sich wissenschaftlich auszuprobieren sowie zu vernetzen.

Was Sie aus diesem *essential* mitnehmen können

Nach dem gemeinsamen Weg, werden Sie wichtige Kompetenzen erworben haben,

- zur Vorgehensweise bei der Planung einer wissenschaftlichen Arbeit,
- zum Verständnis zur Strukturierung von naturwissenschaftlichen Publikationen,
- die Ihnen solide Grundkenntnisse für weitere Publikationen verschaffen,
- mit Erkenntnissen zu Ihren Stärken und Schwächen in Bezug auf formale Anforderungen und
- die Ihnen die Sicherheit vermitteln, sich umfassend und professionell vorbereitet zu haben, um eine für Sie bestmögliche Abschlussarbeit abgegeben zu haben.

© Der/die Autor(en), exklusiv lizenziert durch Springer Fachmedien Wiesbaden GmbH, ein Teil von Springer Nature 2022
M. Schrader, *Sicher zur Abschlussarbeit*, essentials, https://doi.org/10.1007/978-3-658-36544-8

Literatur

1. Cordes (2016) „Schreiben im Biologiestudium" UTB, 102 S.; *hier werden gezielt Praktikumsberichte in Biologie adressiert, um auf die Abschlussarbeit hinzuführen*
2. Ebel und Bliefert (1990) „Schreiben und Publizieren in den Naturwissenschaften" VCH, 441 S.; *mein damaliger und heute noch sehr geschätzter und umfassender Führer zur Diplom- und Doktorarbeit in Chemie*
3. Ebel und Bliefert (2008) „Diplom- und Doktorarbeit" Wiley-VCH, 3. Aufl., 192 S.; *solide Tipps in Stichpunkten, vor allem für Chemie und Pharma, manches schon etwas unmodern*
4. Hirsch-Weber und Scherer (2016) „Wissenschaftliches Schreiben und Abschlussarbeit" UTB Eugen Ulmer, 216 S.; *sehr gelungene und detaillierte Übersicht, mit vielen Beispielen*
5. Hochschulrektorenkonferenz, HRK (2008) „Bologna-Reader III" Beiträge zur Hochschulpolitik 8/2008, www.bildungsserver.de, zuletzt abgerufen Okt. 2021
6. Kremer (2014) „Vom Referat bis zur Examensarbeit" Springer Spektrum, 4. Aufl., 258 S.; *äußerst hilfreich und ausführlich, mit vielen Beispielen, teilweise sehr ins Detail gehend*
7. Kühl und Kühl (2016) „Die Abschlussarbeit in den Life Sciences" UTB Eugen Ulmer, 160 S.; *sehr praxisnah, ausführlich und dennoch kompakt, nach längerer Einleitung zur Schreibplanung*
8. Lorenzen (2002) „Wissenschaftliche Anforderungen an Diplomarbeiten und Kriterien ihrer Beurteilung", http://www.bui.haw-hamburg.de/pers/klaus.lorenzen/ASP/wisskrit.pdf, abgerufen am 19.12.2011; *zwischenzeitlich nicht mehr dort vorhanden*
9. Müller, E. (2013) „Schreiben in Naturwissenschaften und Medizin" UTB Schöningh, 208 S.; *meine Empfehlung zum Schreiben des ersten „Paper"-Manuskripts*
10. Müller, S. (2012) „Leitfaden zum wissenschaftlichen Arbeiten" scriptum, 210 S.; *von einer Kollegin der BWL an der TH Nürnberg, sehr vieles direkt übernehmbar*
11. Scholz (2001) „Diplomarbeiten normgerecht verfassen" Vogel, 117 S.; *Klassiker-Tipp eines Ingenieur-Kollegen,mit Fokus auf Struktur und Formatierung*
12. Schrader (2012) „Abschlussarbeiten_v3a" www.researchgate.net/publication/259779510, zuletzt abgerufen Okt. 2021; *mein Vorläufer zu diesem Werk*
13. Strunk, White und Angell (2014) „The Elements of Style" Pearson, 105 S.; *unbedingt hineinblättern, wenn auf Englisch formuliert wird*

© Der/die Autor(en), exklusiv lizenziert durch Springer Fachmedien Wiesbaden GmbH, ein Teil von Springer Nature 2022
M. Schrader, *Sicher zur Abschlussarbeit*, essentials,
https://doi.org/10.1007/978-3-658-36544-8

14. Weber (2010) „Die erfolgreiche Abschlussarbeit für Dummies" Wiley-VCH, 254 S.; *hilfreich, dabei ohne Fachbezug und relativ viel Software-Erläuterungen*
15. Willberg und Forssman (2010) „Erste Hilfe in Typografie" Verlag Herrmann Schmidt, 103 S.; *alles Wichtige zur Typografie, in vielen verständlichen Beispielen*

Hier sind meine Quellen als auch Literaturempfehlungen aufgelistet; *jeweils mit meinem Kommentar.*

Stichwortverzeichnis

© Der/die Autor(en), exklusiv lizenziert durch Springer Fachmedien Wiesbaden
GmbH, ein Teil von Springer Nature 2022
M. Schrader, *Sicher zur Abschlussarbeit*, essentials,
https://doi.org/10.1007/978-3-658-36544-8

Printed in the United States
by Baker & Taylor Publisher Services